建筑工程施工与装饰装修技术

陈 鹏 董洪涛 宋鑫义 主编

吉林科学技术出版社

图书在版编目（CIP）数据

建筑工程施工与装饰装修技术 / 陈鹏，董洪涛，宋鑫义主编．-- 长春：吉林科学技术出版社，2020.10
ISBN 978-7-5578-7619-7

Ⅰ．①建… Ⅱ．①陈… ②董… ③宋… Ⅲ．①建筑工程－工程施工②建筑装饰－工程施工 Ⅳ．① TU7

中国版本图书馆 CIP 数据核字（2020）第 193630 号

建筑工程施工与装饰装修技术

主　　编	陈　鹏　董洪涛　宋鑫义
出 版 人	宛　霞
责任编辑	隋云平
封面设计	李　宝
制　　版	宝莲洪图
幅面尺寸	185mm×260mm
开　　本	16
字　　数	220 千字
印　　张	10
版　　次	2020 年 10 月第 1 版
印　　次	2020 年 10 月第 1 次印刷
出　　版	吉林科学技术出版社
发　　行	吉林科学技术出版社
地　　址	长春净月高新区福祉大路 5788 号出版大厦 A 座
邮　　编	130118
发行部电话/传真	0431—81629529　81629530　81629531
	81629532　81629533　81629534
储运部电话	0431—86059116
编辑部电话	0431—81629520
印　　刷	北京宝莲鸿图科技有限公司
书　　号	ISBN 978-7-5578-7619-7
定　　价	55.00 元

版权所有　翻印必究　举报电话：0431—81629508

前 言

  现阶段，我国的建筑工程项目在不断地进步与发展，对于装饰装修工程的需求也在不断提高。在建筑工程建设项目工程中，建筑工程装饰装修施工有着十分重要的地位，它的施工对于提高工程质量有着重要的推动作用，直接决定了建筑物的美观效果和最终验收质量。为了进一步实现对装修质量的严格把控，通过优化建筑装修施工技术管理工作，可以实现对装修质量的有效提高。当前装修装饰行业的新兴技术应运而生，我们要不断开发合理的施工方案，因地制宜，根据实际建设要求，科学采用装修装饰施工手艺，提高人们对房屋舒适性和美观性的要求，提升工程整体质量。我国的建筑工程装饰装修工作在建筑地面方面，主要是由墙体抹灰，吊顶等方面组成的工程。

  建筑装饰装修施工，存在一定的复杂性。建筑装饰装修施工不是单一的施工工序，需要各个环节施工相互配合，存在多个工种和多道工序共同施工、交叉施工的现象，工序极其复杂，需要各方有力配合，存在一定的施工难度。作业人员装饰作业时，要结合实际施工计划，制定合理的应急预案，考虑各道工序对装饰装修的影响，要针对各种问题，找出解决办法。施工单位要做好管理工作，控制施工现场的秩序，装饰装修施工以人为操控为主，很少运用自动机械设备，机械化水平不高，需要施工单位管理者做好施工工序的把控。

  建筑装饰装修施工，专业性很强。建筑装饰装修是对建筑物的使用性能和功能的优化和推动作用，为了提高美观和舒适水平，饰面施工是其中一个要点，具有隐蔽性，防水防渗、消防、基层和预埋件施工时，隐蔽性也很强，施工人员要高度重视，不能马虎大意，要运用更专业的水准，来保障施工的安全和质量。装饰装修施工对于专业性技术和技术人才，是十分渴求的，施工单位要做好管理监督工作，严格保证施工安全质量。现场的技术人员，要有专业的职业素养，拥有丰富的知识储备和宝贵的施工经验，要熟悉图纸，严格按照规范和图纸施工，保证施工顺利进行，消除安全隐患。

目 录

第一章 建筑工程 ... 1

第一节 建筑工程框架 ... 1

第二节 建筑工程安全监理 ... 3

第三节 建筑工程的质量控制 ... 6

第四节 建筑工程造价的控制要点 ... 8

第二章 建筑工程施工技术 ... 11

第一节 高层建筑工程施工技术 ... 11

第二节 建筑工程施工测量放线技术 ... 13

第三节 建筑工程施工的注浆技术 ... 16

第四节 建筑工程施工的节能技术 ... 19

第五节 建筑工程施工绿色施工技术 ... 22

第六节 水利水电建筑工程施工技术 ... 24

第三章 建筑智能化 ... 27

第一节 谈建筑智能化 ... 27

第二节 建筑智能化与绿色建筑 ... 30

第三节 建筑智能化存在的问题及解决方法 ... 33

第四节 谈建筑智能化之路 ... 35

第五节 建筑智能化与建筑节能 ... 38

第六节 建筑智能化系统的结构和集成 ··· 41

第七节 建筑智能化弱电的系统管理 ··· 44

第八节 建筑智能化的自动控制研究 ··· 46

第九节 建筑智能化的设计与实现 ··· 48

第四章 建筑智能化技术 ·· 51

第一节 建筑智能化技术要点 ··· 51

第二节 建筑智能化技术网络技术 ··· 53

第三节 建筑智能化技术设计及其特点 ··· 55

第四节 建筑电气智能化技术设计的分析 ··· 58

第五节 建筑智能化技术在物联网时代的发展和应用 ······························· 60

第五章 建筑智能技术实践应用研究 ··· 63

第一节 建筑智能化中 BIM 技术的应用 ·· 63

第二节 绿色建筑体系中建筑智能化的应用 ······································· 65

第三节 建筑电气与智能化建筑的发展和应用 ····································· 68

第四节 建筑智能化系统集成设计与应用 ··· 70

第五节 信息技术在建筑智能化建设中的应用 ····································· 73

第六节 智能楼宇建筑中楼宇智能化技术的应用 ··································· 75

第七节 建筑智能化系统的智慧化平台应用 ······································· 78

第八节 建筑智能化技术与节能应用 ··· 81

第九节 智能化城市发展中智能建筑的建设与应用 ································· 83

第六章 建筑工程装饰装修技术 ··· 87

第一节 建筑工程装饰装修质量通病 ··· 87

第二节　建筑工程装饰装修设计问题 …………………………………… 90

　　第三节　建筑工程装饰装修施工的关键技术 …………………………… 92

　　第四节　住宅建筑工程装饰装修施工技术要点 ………………………… 94

　　第五节　建筑工程装饰装修细部构造注意事宜 ………………………… 96

第七章　建筑装饰装修技术创新与质量管理 ………………………………… 99

　　第一节　建筑工程装修装饰中的环保设计 ……………………………… 99

　　第二节　建筑装饰装修与低碳节能环保的研究 ………………………… 101

　　第三节　建筑装饰装修中工程造价的控制 ……………………………… 103

　　第四节　建筑装饰装修流程管理 ………………………………………… 104

　　第五节　建筑装饰装修工程施工工艺解析 ……………………………… 107

　　第六节　建筑装饰装修施工质量的提高对策 …………………………… 109

　　第七节　建筑装饰装修工程中的绿色施工技术 ………………………… 112

　　第八节　BIM技术在建筑装饰装修设计中的应用 ……………………… 114

　　第九节　建筑工程装饰装修工程的施工质量管理及控制 ……………… 116

第八章　建筑工程施工的实践应用研究 ……………………………………… 119

　　第一节　建筑工程施工中BIM技术的应用 ……………………………… 119

　　第二节　高支模施工技术建筑工程施工的应用 ………………………… 121

　　第三节　防渗漏技术在建筑工程施工的应用 …………………………… 124

　　第四节　桩基处理技术在建筑工程施工的应用 ………………………… 126

　　第五节　建筑工程后浇带施工技术的应用 ……………………………… 129

　　第六节　建筑工程管理中环保施工的应用 ……………………………… 132

　　第七节　建筑工程混凝土浇筑施工技术的应用 ………………………… 134

第九章 建筑单位施工质量问题和质量事故的处理 …… 137

第一节 建筑单位质量问题及处理 …… 137

第二节 建筑单位质量事故处理的依据和程序 …… 139

第三节 建筑单位质量事故的分类及处理原则 …… 142

第四节 建筑单位质量事故处理方案的确定及鉴定验收 …… 146

参考文献 …… 150

第一章 建筑工程

第一节 建筑工程框架

在探讨当前建筑结构特点的基础上，从钢筋工程、模板施工以及混凝土工程三个方面论述了建筑工程框架结构施工技术，给提高建筑工程框架结构施工技术提供一个参考。

一、建筑工程框架施工的特点

当前建筑工程结构的一个重要特点就是朝着高层以及超高层的方向发展，而这个趋势给建筑工程的框架结构特点带来了新的特点。高层建筑在竖向构件以及构成方面带来了逐层累积的重力以及载荷，这就需要较大尺寸的柱体以及墙体来支撑，给工程框架结构施工带来了新的技术要求。

与此同时，建筑的构件还需要承受地震载荷以及风载荷等荷载，而且这些载荷都属于非线性的竖向分布载荷，而且对建筑高度的敏感程度较高。以地震载荷为例，就层数较低的建筑而言，考虑这些建筑的荷载时一般只需要考虑恒定载荷以及部分动载荷，而对于建筑物的墙体、柱体以及楼梯等结构，一般不会予以严格控制，其他构件满足设计要求之后，对应的这些构件也都达到了设计要求。首先要解决的问题除了抗剪问题之外，还需要考虑抵抗变形以及抵抗力矩的问题，部分高层建筑的柱体、梁、墙体以及楼板在设计过程中经常需要考虑到结构的具体布置、特殊材料的使用，这样才能很好地抵抗较大的变形以及较大的侧向载荷。

二、钢筋工程施工技术问题

钢筋工程施工中存在的主要问题。在实际的钢筋工程施工过程中，存在的质量问题较多，主要包括：选择的焊条规格、型号不对；钢筋焊接接头存在偏心弯折问题；箍筋具体尺寸不能满足要求等。而在钢筋加工完成之后，在钢筋的板扎以及成品的保护过程中存在对应的质量问题，诸如钢筋的类型和数量等没有达到要求、钢筋垫块不充分或者是没有提前稳固，一旦在对钢筋验收通过之后将造成后续施工的质量问题，诸如混凝土浇筑移位等，将造成实际施工材料的尺寸与设计尺寸存在偏差的问题，对建筑框架的整体结构安全性造成影响。同时，在对钢筋结构进行再焊接的过程中，对框架结构的整体形状等都会造成改变，给框架整体施工质量造成影响。

钢筋工程施工技术。

充分的材料准备。对那些散乱的材料而言，要在绑扎固定之后，将之转移到那些安全稳固的地方；或者是将其保存在安装好的梁上，并将之固定在钢架之上；对于在地面堆放的材料，应该做好对应的安全管理工作，防止其滑落造成伤害；在上面覆盖油布时还应该在油布上层压上重物，并在端部加以固定。

做好焊接施工准备。在正式的焊接施工之前，应该根据对应的操作规范走好焊接试验工作，对进场的每一批钢筋都应该进行逐批次的自检。同时做好取样力学试验工作，在自检的基础之上还要对焊接的质量进行适当的抽查，尤其要对那些有疑问的钢筋做重点抽查，且需要对于各个试验和检查人员都应该进行专业技术的培养。

放样与下料施工。在进行实际施工过程的放样以及下料过程中，都应该留有一定的余量，这主要是考虑到焊接完成之后，在焊缝处将出现线性的收缩，且框架结构中的桁架、梁等在受到弯矩作用之后还将拱起。虽然其收缩和变形量将与其他各种因素相关，但是结合施工实践以及具体的实验来讲，通常需要考虑的收缩量一般是：当受弯构件的总长不超过24m时，放样余量在5mm左右，当总长在24m以上时，放样余量则取8mm。

三、模板工程施工技术

多层模板支架体系施工中存在的主要问题。对于现浇混凝土结构，新浇筑的楼层重力载荷以及施工载荷都是由多层模板支架体系来承担的，然后再由模板支架体系将载荷传递给楼层的楼板。但是，在施工的过程中，由于施工时间较短，这些楼层的楼板依然处于养护期，其承受载荷的能力有限。这就导致施工载荷存在更多的不确定性，部分甚至将超过混凝土结构正常使用状态所承受的设计载荷。

模板工程施工技术。

基础模板安装。在完成垫层施工之后，应该每天定时的对水平基础依照轴线进行测量，利用基础平面尺量好各个需要的边线，并在各个暗柱角用油漆做好对应的标记，确保安装模板的过程中，完全按照各个控制边线将材料支柱固定，这样可以有效的保证模板的硬度以及稳固性，可以提高模板承受在浇筑过程中产生的施工负载以及施工载荷。同时，在垫层与模板的底部结合处应该用较细的水泥砂浆将缝隙嵌填严实，保证不漏浆。最后，应该在模板的上口拉通线进行校直，保证边线顺直。

主体结构模板施工技术。立杆是整个结构的支撑体系，施工过程中应该保证其立于坚实的平面之上，保证在安装好上层模板与支架之后能够承受对应的载荷，其不会被压垮。加之整个支模工序都是按照对应的程序进行的，在没有对之进行完全固定之前，下一道工序是不能进行的。

模板的拆除。模板在拆除的过程中要保证按照一定的顺序进行，一般是在后续支立的先拆，而最先支立的则最后拆；不承重、少承重的先拆，承重、承重大的最后拆掉；支撑部分先拆，方木模板最后拆。同时还应该将拆下的东西及时的运到安全场所，防止造成不必要的伤害和损失。

四、混凝土工程技术

混凝土原材料的选择。对于所有进场的材料都应该有材料的质量保证书,混凝土尤其重要。同时,混凝土还需要包括各个不同类型的具体强度级别、包装以及出厂日期等,这些项目都需要进行严格的检查。

配合比和合理控制。通过合理的控制配合比可以达到提高水泥强度以及提高混凝土的和易性目的。但是,对应的造价自然会增加,且会造成混凝土体积的变化率以及用水量发生变化。所以,还应该对掺入的水泥量进行控制,水泥用量应该控制在允许范围之内。

混凝土浇筑过程。通常而言,混凝土的浇筑施工方案是需要通过审批的,对于可能出现的问题都要有对应的解决方案及策略才能保证最佳的计算结果。同时,在浇筑之前还应该对模板的位置、截面尺寸以及标高等来进行控制,保证与设计相吻合,且支撑足够牢固。

第二节　建筑工程安全监理

建筑行业在众多行业中,具有较高的危险性。而且部分建筑单位,通常只在乎成本管理,对于加强安全投入、提高安全措施、维护安全系统,却置若罔闻,这就使得在施工过程中,不重视建筑工程的安全监理工作,极大地增加了施工人员的安全风险。追根溯源,各种建筑施工事故频发,其主要原因是施工单位的安全生产意识不强、机制不够完善。而且建筑施工单位在施工过程中,对于安全管理投入少,措施不利、责任不清,且施工现场的安全没有控制到位,从而导致各类安全事故频繁发生。从当前建筑工程的施工情况来看,在施工过程中,安全监理对整个工程的施工安全起着监控的关键性作用,认真监理保证了建筑施工的正常进行。

一、建筑工程安全监理的现状

缺乏专业的安全监理人员。一般来说,安全监理在建筑施工工程中能否达到预期的效果,这与具体执行人员的专业水平和综合素质密切相关。但是从目前实际情况来看,监理人员缺少实际工作经验,这对建筑工程的安全监理工作有着一定的阻碍。此外,建筑工程的安全监理人员长期频繁流动,这就导致其业务能力极难提高,且长期处于较低水平,还有部分安全监理人员要统筹管理各方面工作,这导致其在管控施工安全工作时,出现力不从心的情况,这就使得相关的安全监理不符合国家的相关规定,且很难有序推进。

安全监理制度还有待改进和完善。当前,建筑工程的施工监理不到位,这主要是由于施工单位和监理机构缺少对自身安全工作性质的清楚认识,而且理不清自身工作所管辖的范围。相关的法律对这些内容都有明确规定,所以,目前的监理机构最首要的任务就是在有效控制施工质量和进度的同时,要控制施工安全,若无安全一切都为空谈。安全监理当前面临的最大困难,是十分缺乏专业人员,所以在具体监理时,无法按预期的计划切实推进,而且部分监理人员缺乏工作经验,在具体实施工作过程中,存在较多的问题,这样就使得施工中存在的安全隐患无法被察觉，且不能切实处理。如此一来，建筑工程施工的安全工作也无法推进，并且会给施工带来巨大安全隐患。

不重视安全监理工作。建筑工程在施工时，很多因素是无法预料的，这些因素如果没被有效控制，就会产生一定的安全隐患，建筑工程的质量也会受较大的不良影响。想排除这些安全隐患，安全监理工作就要对施工单位报审的重大危险源进行认真的辨识，并编制安全监理细则，实施不断完善，以避免事故的发生。然而，对于施工现场的安全监理工作，一些企业并未给予足够的重视，只注重施工效益的提高。所以在施工过程中，施工单位对安全措施费用投入少，施工人员会因安全措施不到位、操作不规范而出现安全事故。还有的企业无安全管理制度，分工不明，责任有清，造成相关人员不清楚自己应该干什么，怎么干，干成什么样，工作时往往流于形式。当安全事故发生后，相关负责人无法及时找到相关责任人。如果在施工现场发生事故，后果十分严重，监理人员虽然在现场，但这些人员应有的职能常常没有被发挥出来，往往在工作中仅流于形式，安全问题未被重视。尤其是部分建筑工程在进行施工时，经常会出现一些安全问题，如脚手架搭设不稳固、电线乱接乱搭等问题。

二、加强建筑工程安全监理的有效措施

重视施工安全。若想改变建筑工程安全监理的不良现状，相关领导一定要高度关注施工现场的安全问题，要将安全始终放在第一位。要意识到监理部门的重要性，施工要与监理工作相结合，确保施工的质量和安全都能达到最佳的状态。对于施工现场的工作人员，要给予足够的关心，改善其施工环境，使广大施工人员能有良好的工作氛围，也要掌控细节，对于各项规定和制度，要严格遵守，尽全力保证不出现安全事故。施工时要时刻坚持以人为本，要让监理人员在工作时，能充满社会责任感，激发其工作的积极性，并不断提升自己的专业技能。此外，监理人员也要认真做好本职工作，对施工现场要加强监督和管理，如果发现问题，必须立即制止，并要求有关方改正。

提高安全监理人员的素质。一般来说，监理人员的专业水平往往决定了监理质量的高低，建筑工程的施工能稳步推进，与监理人员的综合素质和技能水准有密切联系，所以应严格推进这方面工作，并认真贯彻落实，要提升监理工作人员的专业化水准和综合素质，且要对其安全管理意识不断进行增强，与此同时，加强建筑工程安全方面的法律法规的学习，应做到正确规范。

健全安全监理制度。若要规范管理，则需要有相应的规章制度做支撑，所以制度建设是安全监理非常重要的内容之一。其主要内容包括：对人员的培训制度与审核人员的制度；还有相关的监督制度及方案规划制度，每个环节都需要制度规范，这样才能高效开展监理工作。在进行工程监理工作之前，相关安全监理人员一定要熟悉设计图纸，监理规范。实地考察勘测现场，了解现场环境，根据现场实际情况，制定合理的监理方案，编制监理细则，为具体工作指明方向。在进行具体工作时，要综合多种因素，要想确保工程的施工安全，那么相关监理人员一定要认真把握住细节，从大局出发，从而掌控整个局面。此外，相关监理人员要

遵守管理准则，坚持把预防放在首位，并要贯彻落实以下几方面：①要带着积极的心态，自觉参与到安监工作中去；②要提前做好部署和规划工作；③要及时处理安全事故，且要行之有效。但是监理工作处于不断变化中，所以在具体实操时，要根据实际的环境变化，对其进行及时调整，确保行之有效。

应该加强建筑工程施工阶段的监理。建筑工程在进行施工时，安全监理人员必须要做好检查监督工作，在检查其进度和质量外，还要对安全生产制度和安全管理人员进行监督，对于危险系数较高的工程，要时常对其检测巡查，把可能出现的隐患部位进行准确的记录，并进行备案。此外，检查和监督施工单位是很有必要的，主要检查其具体的安全生产情况，如果有不合规范的地方，一定要立即改正，在多方的监督管理下，一定能达到工程预期的安全目标。

开展全面的安全监理工作。全面开展监理工作，把握每个环节，这样可以提高建筑工程施工现场安全监理的效果。要做好安全监理工作，就是对工程参与人员、材料、机械、方法的管理，首先要对施工方项目部人员安全资格审查，查有无安全证件。材料查出厂合格证及复试报告。机械设备查生产许可证、出厂合格证、检验报告。再查安全方案措施的编制及针对性。加强安全管理，必须采用相关的防护措施，以保证安全施工。在实际操作中，施工人员一定要注意安全，施工时要正确佩戴安保用品。施工时，在危险部位设置防护设施，如盖板、围栏、架网等，在材料的出入口和建筑物的进出口，也需要有相应的防护措施，可以设置一些警示性的安全标识，以免工作人员进入危险区域，埋下安全隐患，这也可以保障施工人员的安全。如果发生安全事故，一定要有应急预案，并且要立即启动，使损失降到最低。对于特殊工种而言，要求持证上岗并且做好相应的保护措施。

加强资料的管理。施工安全资料，作为安全监理工作开展的另一重要因素，对安全资料进行审核也是其非常重要的环节之一。资料一定要精确可靠，因为这对安全监理工作具有决定性作用。对于施工时的安全生产情况，相关监理人员要详细记录，形成专门的监理日记，且要重点关注危险性较大工程，有安全隐患的部位及易出现安全事故的区域，并做出具体的分析，这可以有效推动后续工作的开展，为今后工作提供相关经验。此外，要密切关注各种安全会议和安全报告，对其中谈到的具体问题，要仔细分析，并认真应对处理。还要将工作的汇报和总结报请建设单位，让其获悉具体情况，以便慢慢形成技术性资料，促进今后工作效率的提高。

综述之，建筑工程在施工时，安全监理是其非常重要的工作内容，在当前建筑行业发展现状下，人们对建筑施工的安全性问题越来越关注，所以监理人员一定要对工作保持认真的态度，对待本职工作要有责任心，保证监理工作科学合理推进，全方位提升监理工作的质量，保证安全生产，提高其管理水平，促进建筑行业的良好发展。

第三节　建筑工程的质量控制

随着生活质量的提升，人们在衣食住行方面的需求也在不断提升，建筑工程质量是当今社会共同关注的热点问题。建筑工程质量不仅关系到利益，也关系到安全问题，因此建筑工程施工团队也逐渐对工程质量有所重视。基于此，本节探究如何提高建筑工程施工质量，为相关行业工作者提供参考。

经济发展推动了城市化建设的脚步，随着国民经济的整体提升，城市化水平也在持续发展中，社会及百姓对建筑工程施工质量的需求也在不断变化，建筑工程质量控制问题是公众最为关注的话题，要想保证建筑工程质量，势必要有序开展建筑工程质量控制工作。为此，需要分析影响建筑工程质量的因素有哪些，在工程施工的过程中有针对性地控制好工程质量。

一、影响建筑工程质量的因素

施工材料因素。在建筑工程施工过程中，建筑材料是必不可少的。为此，要严格把控建筑材料的质量与性能，从而保证工程的整体质量没有问题。有些企业的采购部门在为建筑工程采购材料之前，没有做好充分的准备工作，在未开展市场调研的基础上选择材料供应商，从而难以掌握建筑材料的质量与性能，容易造成采购的建筑材料与工程质量要求不符。其次，有些单位没有同材料生产商进行及时沟通，导致材料供应跟不上工程建设的步伐，从而影响了建筑工程的质量及工程整体进度。如果不严格监管建筑工程材料，在工程施工现场势必会出现施工秩序混乱、施工材料随意堆放等不良现象，如果未能科学合理的存放施工材料，在面对雨、雪、风、晒等自然天气时，势必会对建筑材料的质量及性能造成影响，最终将影响整体工程质量。

人为因素。随着建筑工程行业的迅猛发展，越来越多的技术手段被应用到建筑工程施工中。因此，建筑工程施工人员的施工技术及专业素养也被人们所重视。但从我国建筑工程施工现状分析来看，绝大多数的工程施工人员都没有接受过专业的培训，普遍都是农村到城市务工的人员，这是由于最初的建筑工程施工工作对劳动力要求较高，但是对技术方面没有过多要求，加之农民工在工程质量方面的没有较高的意识，因此在工程施工的过程中，难以有效地掌握各种先进的施工技术与施工设备。有些施工单位虽然都会为施工人员制定相关的规定与要求，但各种问题依旧会在施工过程中发生。

二、强化建筑工程质量控制的有效策略

提升质量管理，保证工程质量。在建筑工程施工的过程中，最为重要的事项就是要保证工程的质量安全问题，要提升工程施工人员的安全意识，让其在施工过程中时刻具备自我保护意识，同时要根据施工合同的条款规定，依照合同中的具体要求保证建筑工程施工质量。在建筑工程施工前期，必须要强调安全问题的重要性，掌握各项工程技术的难度，并据此重

新调配施工标准，制定出科学系统的施工方案，在安全施工的前提下，保证施工的效益。在施工前要分析所有问题的可能性，并制定出相关的样板进行分析研究，一旦遇到问题，能够及时进行补救。同时，只有提高施工人员对质量控制的意识，才能真正地提高建筑工程质量，为此要不断开展相关的教育工作，改变施工人员的观念，提升其工程质量意识。

确保施工材料质量，把控设备质量。在建筑工程施工过程中，建筑工程材料与设备是最为重要的因素，通过保证施工材料质量及施工设备质量，能够起到保障建筑工程质量的效果。万丈高楼平地起，材料是建筑工程最为基础的物质条件，最终运用到建筑工程使用中的材料性能与质量，直接决定了建筑工程的品质。因此，建筑工程单位势必要严格筛选建筑材料，要做好市场调研工作，通过多比对多分析，根据建筑工程的质量要求及具体情况，选择满足质量要求的建筑材料。此外，在挑选施工设备时，要考虑到施工现场的具体情况，根据区域而选择合适的设备。不论是选择施工材料，还是选择施工设备，负责采购的工作人员都以客观、公正的态度做出最后决定，不可因为利益关系影响最终判断。在挑选施工材料与设备供应商时，尽量与经验丰富、供货有保障、合作意识较好的商家建立合作关系，从而保证施工材料与设备的质量，保证施工材料能够得到及时供应，确保工程施工得以有序进行。

加强工程成本控制。科学合理的控制工程成本，是所有企业保证自身利益的追求，成本控制影响的不仅仅是建筑企业，也会对整个建筑行业的发展形成一定影响。因此，要从以下几个方面入手：首先，要大力宣传成本控制的重要性，从而让参与建筑工程施工的所有人员都意识到成本控制的重要性，在工程施工过程中形成节约成本的意识，并付诸到实际工作中。其次，要对成本进行科学合理的分析，并制定出一套科学的成本分析体系，在建筑工程竣工后，将实际成本消耗与预算成本进行比对，找到其中存在的差异之处，并查清原因，形成完成的成本控制闭合系统，并积极调整并落实到工程实践中。最后，要考虑到工程监督费用，并保证在资金方面的支持，高度重视建筑工程质量监督。

提高全体员工教育工作。为了保证建筑工程的整体工程质量，势必要对工程施工人员加以培训与教育：①在组建施工队伍时，要从施工团队的整体性入手，避免以零散的方式招聘施工人员，从而保证整个施工队伍的团队性与默契性；②施工单位要加强施工安全教育工作，安全是第一生产力，要让施工人员意识到安全施工的重要性，从而规范自身施工行为，相互之间起到监督的作用；③施工单位要及时开展培训工作，将新颖的施工理念与技术手段传递给施工人员，提升施工人员的工作质量，从而提升建筑工程整体质量。

强化工艺技术的控制力度。首先，在建筑工程开展施工的前期阶段，要以建筑工程项目的具体情况及合同签订标准确定施工技术办法及相关注意事项，要将建筑工程工艺技术与施工质量要求有机地结合在一起，确定施工过程的整体目标与方向，从而在根本上避免由于建筑工程工艺技术问题给建筑工程埋下安全隐患。其次，要对建筑工程项目技术的控制目标与施工工艺技术注意事项进行分析，从而在施工技术方面进行及时的调整与优化，保证建筑工程的施工效果，防止在建筑工程施工过程中造成建筑工程质量监督方面发展类似的问题。要站在全局的角度，思考分析问题，掌握建筑工程施工技术的核心与关键，不断提升施工人员施工质量及施工设备质量，确保建筑工程在施工工艺技术方面的专业性与标准性，优化建筑工程质量的管控水平。

综上所述，建筑工程施工质量控制从多方面入手，首先要明确建筑工程质量受建筑材料及施工人员两方面因素影响。其次，要从以上两方面展开分析，在建筑材料质量及人员管理方面进行深入分析，提出能够保证建筑工程质量的有效对策，保证建筑工程行业得以稳健发展。

第四节　建筑工程造价的控制要点

在建筑行业快速发展的今天，工程项目经营活动控制逐渐成为建筑企业管理中的重点内容。很多建筑企业为了加强工程项目成本控制，都在进行建筑工程造价预算控制研究，对项目造价预算是否合理进行判断。在建筑工程造价预算控制过程中，建筑企业预算管理专业程度、市场发展情况与施工单位工作水平等都有可能影响到最终预算结果。因为建筑工程造价预算控制期间可能会受到多种因素影响，所以如何抓住控制要点对建筑企业非常重要。基于此，本节对建筑工程造价控制要点及其把握措施进行分析。

一、简述建筑工程造价控制以及相关工作流程

简述建筑工程造价控制。建筑工程造价其实就是对建筑工程项目各种费用的一种预想统计，是以货币为主要形式将建设工程项目所需花费费用的总和表现出来。在建筑项目的施工过程中，建筑工程造价控制工作会贯穿始终，在建筑工程项目的施工准备阶段尤为重要。建筑工程造价中最主要的组成部分就是建筑安装工程费，其主要有七大方面：分别是人工费、材料费、施工机具使用费、企业管理费、利润、规费和税金。

建筑工程造价控制的主要工作流程。在建筑工程造价控制工作中主要包括五个方面的工作流程：投资决策、工程设计、工程招投标、建筑工程施工、建筑工程竣工。在建筑工程造价控制的实际工作中主要表现出三大特点：动态性、全面性、系统性。因此，在建筑工程造价控制中需要将其落实到各个施工环节中，并对其各环节实施监控，时刻关注影响工程造价的不利因素。

二、建筑工程造价控制存在的相关问题

在建筑工程施工过程中，预算控制、供求关系与市场环境等都会对工程造价产生影响。如何确定建筑工程造价变化范围是重点，是建筑企业预算控制中需要解决的难点问题。但从建筑企业工程造价预算控制情况来看，依然有部分企业缺少对施工过程造价管理控制的重视。比如当建筑工程施工阶段中出现施工质量没有达到设计要求问题时，便需要进行返工，从而导致工程项目预算成本偏高。从市场环境角度来看，建筑工程造价预算控制可能会因为外部环境影响而发生变化，导致预算结果精确性不足，难以为建筑企业项目投资成本控制提供有效参考。

在建筑工程造价预算控制管理方面，管理人员专业能力和最终预算控制结果存在密切关系。当管理人员预算控制能力不足以胜任工作岗位时，便有可能导致预算编制出现问题。比如土木工程造价预算控制方面，参与人员预算编制专业水平有限，工作过程中难以抓住重心，导致工作期间容易出现预算管理问题。在工程造价预算管理方面，管理人员需要面临复杂的工程项目施工问题，考虑各种预算影响因素。预算管理人员职业道德理念容易受到周围环境与外来思想冲击，在建筑工程项目预算编制管理过程中难以做到公正，无法客观分析各种预算编制问题，甚至在预算编制过程中谋取利益。

三、建筑工程造价控制要点把握

深入了解建筑工程资料的有关信息。工程造价控制工作是建筑工程项目的重要工作，而工程造价预算编制的落实工作则是其首要工作，需要工作人员对建筑工程项目的相关资料进行深入细致的了解，并进行科学的预测。举例来说，在地下室作业的工程造价的预测工作就需要对工程的地质信息进行搜集并了解，包括地下室土方作业中的地质状况和地下水水位高低的相关信息进行全面的搜集。不仅如此，在施工人员进行建筑工程项目进行造价编制工作之前还需要了解施工现场的情况、施工设备以及施工技术，从而保障建筑工程项目的正常工作的进行。

编制好工程造价预算。科学合理的编制工程造价概预算是有效控制工程造价的基础。预算编制人员应对现场情况详细掌握，基于工程施工组织特点综合考虑预算编制。编制前做好工程勘查报告、施工设计图纸等资料收集的前期准备，到现场深入勘察、对施工环境调查并研究施工方案，了解预算定额、取费等具体标准。对施工图纸应熟悉，对工程量及套用定额单价精确计算。在编制造价预算中，对设计图纸反复阅读直到对设计者意图深刻理解，进而对各分项编制准确预算、工程量计算，单价套用熟练，尽可能避免产生漏记、错套等失误。对价格因素客观分析，对调整价差留有一定余地。

落实全过程造价预算控制。在建筑工程造价预算控制方面，施工全过程控制属于重点预算控制内容，包括施工前预算控制、施工阶段预算控制和施工后预算控制等。在施工前预算控制方面，建筑企业首先需要进行预算编制工作，对各种预算编制内容进行制定，包括工程项目施工现场、施工图纸与施工价格等。从施工价格来看，工程项目材料、设备与人工成本费用都有可能因为市场价格变动而出现变化，从而造成预算结果与实际成本价格存在差异。因此在施工价格预算编制控制方面，预算人员需要预留部分差价空间作为调整，尽量减少预算编制误差。在建筑工程设计过程中，项目投资预算会因为项目设计变更而变动，因此工程项目预算不可避免地会出现局限性。在建筑工程施工阶段中，当施工项目出现设计变更现象时，原有预算编制内容也需要做出改变。因此，建筑企业想要加强工程造价预算编制控制，就必须注重工程造价审批过程控制，拟定工程项目设计不可随意更改，尽量解决项目施工中各种困境，顺利完成施工计划。加强工程造价预算控制过程监督管理，避免预算管理期间存在虚假信息内容影响最终结果。

提高建筑工程预算人员的专业素质。预算人员是建筑工程项目造价预算工作的重要执行者，目前，在建筑工程造价预算工作中往往存在预算人员专业素质较低的问题，给预算工作带来较大的影响。因此，在工程造价预算工作中就需要管理人员对预算人员的管理能力、计算分析能力、表达能力以及预算能力等各方面的工作能力进行考察。

在建筑工程项目的预算控制工作中仍然存在着许多方面的问题，给建筑工程施工工作带来一定的影响。该项工作是一项比较复杂精细的工作，需要预算工作人员有着较高的专业素质与专心、认真、负责的品质，还需要预算人员对施工情况有一个良好的把握，并对施工项目进行合理的分析，从而降低施工工作的费用，促进建筑企业的发展与进步。

第二章 建筑工程施工技术

第一节 高层建筑工程施工技术

随着城市化进程持续加快,紧俏的城市土地资源,高层建筑受到城市与建筑师的青睐,需要的建筑施工技术也比较提高,持续研发新的高层建筑施工技术,持续引进与革新国内外优秀的施工技术理论并联合本身实践经验,拟订跟建筑单位的相对完备的高层建筑工程施工技术体系相符的,为中国高层建筑项目施工技术的进一步发展提供动力。所以,高层建筑有着需要进一步的发展的需要,也是将来建筑项目发展的主流方向之一。

一、高层建筑施工建设特点

施工工艺要求高。高层建筑施工的基础原料现阶段必须为钢材以及钢筋混凝土,同时由于现在建筑市场的建筑材料混杂,为了确保高层建筑钢筋混凝土现浇工程的施工质量,施工单位需要对建筑市场上现有的建筑制品以及建筑模板的施工工艺进行深入研究。另外建筑企业只有满足普通大众的需要,才能够在竞争如此激烈的市场环境中占据一席之地,实现高层建筑平面设计类型的个性化、多样化,选用个性、独特、民族的立体造型,有效处理高层建筑以及周围环境之间的关系,选择有效的方法使高层建筑以及其周边环境得以有机融合。除此之外,高层建筑由于自身的电气设备以及层次较多,应当更加地重视建筑的防水设施以及消防设施,提升建筑的安全性,营造给建筑用户安全、可靠的使用环境,这也是提升高层建筑工程质量的有效保证。

高层建筑施工建设用时长。一栋多层住宅从建设施工到竣工平均工期是 10 个月,高层建筑所需要的施工工期则是两年左右。而想要缩短高层建筑施工工期,则需要减少建筑装饰施工周期或者是建筑结构施工周期。高层结构体系的不同可以选择不同的施工工艺,但不管选用何种施工工艺都需要进行混凝土现浇,这也是现阶段高层建筑施工建设必不可少的工序,而科学的选择使用模板体系不仅能够有效减少施工成本,同时也能够减少主体结构施工周期。

二、高层建筑施工技术要点

混凝土施工技术要点。在建筑工程施工过程中,强化对混凝土施工的质量控制尤为必要,尤其是高程建筑工程,对于混凝土施工的要求更高。在施工过程中,首先要根据工程建设需要以及工程建筑的质量标准进行混凝土材料配比,从而保障混凝土的质量,强化混凝土施工质量。在进行混凝土材料配比时，应注意水泥材料的选用，尽量选择水化热现象较轻的水泥材料，有时还可以适当地减少水泥比重。混凝土要根据工程的建设需要进行拌和工作，防止发生混凝土剩余的状况，因为剩余的混凝土会由于长时间搁置会逐渐开裂、受损，难以适应建筑工程的质量要求。此外，在混凝土施工过程中，应先对混凝土质量进行监测，监测无误后再进行施工操作。在进行混凝土施工时一定要按照工程的施工要求标准进行施工工作，保障混凝土施工质量。

钢筋施工要点。钢筋工程是高层建筑工程施工过程中必不可少的施工环节，在这一环节过程中，一定要把握好钢筋工程的施工要点，控制好钢筋工程和施工质量，避免对混凝土的结构和质量造成破坏，为以后施工环节的正常展开奠定基础。①在钢筋工程施工开始前，应对钢筋材料的质量进行严格监测。在这一阶段，发现质量不符合工程建设要求标准的钢筋材料应及时更换，避免影响工程施工质量。②应对进场钢筋进行检测工作。一般来说，钢筋材料都要经过严格的质量检测才能进场，但是为了保障钢筋工程的施工质量，还应对进场钢筋进行进一步的质量检测工作。在这一阶段，可以采用抽样检测方式检查钢筋的质量。③在钢筋工程施工过程中，应做好钢筋的换代工作。由于高层建筑施工工程的施工难度比较大，所以施工人员在进行施工过程中难免会出现施工操作失误等现象，这时就需要对钢筋材料进行及时的换代工作。但是在进行钢筋换代时，应注意替换钢筋的质量要符合高层建筑工程质量要求标准，避免影响工程的施工质量。④要做好钢筋加工与连接的质量工作。按照工程的设计要求以及工程施工标准进行钢筋加工与连接施工工作，确保钢筋工程施工质量，保障钢筋结构的安全性和稳定性。

电气工程施工要点。在具体的施工过程中，应注意以下几点施工要点：①要做好对高层建筑电气工程的设计工作。其中包括对高层建筑的照明系统、通信系统以及防雷系统等的设计工作，例如在照明系统的设计过程中，应注意最大化地利用自然光源，从而为用户提供更好的生活服务。②要加强对照明系统的施工要点控制。在施工时应根据工程的具体设计要求进行施工操作，保障照明系统施工质量。此外，还应精简照明线路，防止发生线路混乱的现象，减少安全隐患。③在高层建筑施工过程中，还应注意防雷系统的建设。在实际施工过程中，应将防雷工程建设落到实处，可以结合建筑工程的周围环境、建筑外形等因素，综合考虑，最终确定防雷系统建设，为用户的生命安全提供保障。

基桩施工要点。目前，我国高层建筑工程主要采用的施工技术有灌注桩施工技术、预制桩施工技术、高层钢结构施工技术等，在具体的施工过程中，应对各种施工技术的施工要点控制。①灌注桩施工技术。在进行灌注桩施工时，应注意进行全面的检查工作，此外还应注意对作业面进行排水工作。②预制桩施工技术。在进行预制桩施工之前，应根据工程建设需要选择合理的预制桩施工技术，从而保障工程的施工质量。此外，还应注意不同施工技术对于施工操作具有不同要求标准。

结构转层施工技术。在高层建筑工程施工的过程中，施工人员需对建筑顶端轴线位置进行相应的调控，对上部顶端轴线位置的要求较小，而对于下部建筑物轴线的位置要求较高，施工人员需进行较大的调整。

建筑过程中的技术要领是一种相反的状态，在此种情况下，便使建筑工程施工技术与实际应用过程存在一定程度的差距，所以需运用特殊的工法进行房屋建筑工程的修建，在建筑施工的过程中，建筑人员需对楼层设置相应的转换层，在此种结构模式中，当发生地震的时候，楼层的抗震性便能得到相应程度的增强。此外，在建筑的过程中，建筑人员需对楼层的结构转换层的高度进行一定程度的限制，在合适的高度基础上，楼层的安全性才能得到相应程度的保障，进而人民的生命健康免受威胁。

总体来说，高层建筑的出现使得建筑施工工艺要求有所提升。在对高层建筑进行设计时，设计部门一定要时刻遵守高效、标准以及科学这三项原则。高层建筑施工人员需要将施工工艺要求以及建筑本身的特点相结合，提升关键环节施工工艺的规范性以及科学性，严格管理所有建设设备，确保设备质量，同时确保建筑施工的安全性、可靠性，因地制宜，安全合理，这样才可以提升高层建筑的建设施工质量，有效加强高层建筑的建设水准，这样才能够提供给用户更加安全、可靠的使用环境。

第二节 建筑工程施工测量放线技术

建筑工程施工质量在很大程度上受到测量放线技术的应用影响，技术的高质量应用也长期受到建筑业重视。基于此，本节将简单分析建筑工程施工测量放线技术的基本应用，并结合实例，深入探讨异形结构建筑施工测量放线技术的应用，希望研究内容能够为相关从业人员带来一定启发。

测量放线技术的应用直接关系着建筑工程施工的精确度，可以将其视作转化设计图纸为实际工程的重要途径，建筑工程地基施工、混凝土浇筑、金属结构和机电设备安装质量均会受到测量放线技术的直接影响。为实现测量放线技术的高水平应用，正是本节围绕建筑工程施工测量放线技术开展具体研究的原因所在。

一、建筑工程施工测量放线技术的基本应用

基本方法。直线段定位放线与曲线定位放线属于最为常见的建筑工程施工测量放线技术。直线段定位放线的难度较低，较为适用于地形平缓的地段，一般采用测距仪和经纬仪完成测量放线，测量定向由经纬仪负责，定位放线的最终完成需采用测距仪；曲线定位放线也能够较好服务于建筑工程施工，其能够较好满足非直线定位放线需求，弥补直线段定位放线存在的不足，因此曲线定位放线可较好用于非直线定位放线需求地区。在具体的非直线定位放线过程中，一般搭配直线、弧线、圆线进行测量放线，测量精准度也能够由此得到保障，配合XY轴坐标实现辅助定位，双坐标定位方法的采用可进一步提升测量放线精确度。

校核要求。在建筑工程施工中，放线测量的成果大部分需要立刻交付使用，且多数不会再次开展准确性测量，因此建筑工程施工测量放线技术的应用需做好自我校核，以此保证失

误能够在最短时间发现并进行纠正。在主要轴线点的校核中，可采用单三角形、三边测距交会、三点交会等方法，轴线点位的测定不得采用2点测角开展；在工程轮廓点的校核中，需保证定点测量基于测角交会法开展，测量过程需选择3个测量方向，校核方向为第3个方向，定点选择测角的后方交会处，以此实现对4个方向的同时观测。校核的条件应选择4组坐标，保证无论采用何种放样方法，放样定点均在轮廓点之前，同时对比理论值，保证粗差能够在最短时间内发现。此外，在精密放样一些规则图形的过程中，放样点之间的关联需在施工现场开展随时检查，高程放样的光电测距仪使用则需要采用往返的观测方式，水准仪的应用需要采用相同方式；在测站定向环节的仪器使用中，为观测方位角是否符合，需后视2个确定的方向。对于精度要求不高且较为简单情况，观测需基于水平角进行，如需要进行倾斜改正操作或一定高程，需观测一次天顶距，避免放样过程出现没有校核条件且仅仅进行半测的情况发生。

复测要点。为保证建筑工程施工的最终质量，完成测量放线后的复测同样需要得到重视，复测的目的在于检查整个建筑工程的平面位置及高程数据是否符合设计且满足规范要求。结合调查可以确定，忽视复测工作很容易造成建筑工程施工测量放线方面的事故，因此必须对设计图纸、建筑物定位、水准点高程进行复测。在对设计图纸的复测过程中，全面校核需基于施工设计图纸明确标注的尺寸展开，还需要校对总平面图中相关数据及建筑物具体坐标，以及基础图及平面图中标高的具体尺寸、中轴线的位置、符号等内容，分段长度与各段长度的一致性也需要得到重视。对于矩形建筑物来说，复测还需要关注两对边尺寸的一致性，局部尺寸变更对其他尺寸的影响也需要得到重视；建筑物定位复测需基于定位控制桩，基于图纸当中标注的数据，对比建筑物的标高、几何尺寸、角点坐标等数据，确定工程精度要求能否满足。还应对建筑物方向准确性进行整体观察，桩移位引发的位置偏移等意外情况需得到重点关注，如发现问题，需及时纠正；水准点高程的复测也不容忽视，复测过程往返观测2次，测设水准点需基于图纸标准数据进行，通过准确的校核，预防高程使用失误问题出现，否则建筑物很容易出现升高等异常情况。

二、实例分析

工程概况。以某地集商业与办公为一体的3栋高层建筑作为研究对象，工程占地面积、建筑面积分别为115440m^2与520240m^2，最高一栋建筑的高度为200m。由于3栋高层建筑均属于异形结构建筑，拥有形状不一的每层外围轮廓线，同一层不同位置也拥有不尽相同的轮廓线曲率半径。深入分析可以发现，工程属于超高层建筑，高程和平面控制网垂直传递距离长，测站转换多，体形奇特，较多的高空作业均大大提升了测量放线工作难度，需采用特殊装置，并严格控制测量放线精度，各施工层上放线、轴线竖向投测、标高竖向传递等测量放线环节，均对测量放线工作提出了较高挑战。为实现建筑工程施工测量放线技术的高水平应用，工程采用了BIM技术并针对性建设了建筑施工模型，在BIM技术和建筑施工模型支持下，图纸在项目中的位置得以确定，放线测量也得以顺利推进，因此工程逐步完成了测量放线控制轴网设定与双曲率弧形外围轮廓线定位方案。

测量放线控制轴网设定。在测量放线控制轴网设定过程中，需首先布设平面控制网，考虑到工程施工场地地势平坦、工况复杂、工程量巨大，采用一级平面控制网与导线控制网。在对施工场地各种因素综合考虑后，共布设平面控制点5个，以此满足设计要求，在测定平面控制导线网的过程中，《工程测量规范》（GB50026-2016）中的相关技术规定得到了严格遵循；在内控点布设过程中，结合具体的施工测量需求，在封闭建筑物围护结构前，需进行外部控制向内部控制的转移。轴线竖向投测采用内控法，预埋钢板于最底层底板，采用划"+"字线钻孔作为基准点，预留200mm×200mm孔洞于各层楼板对应位置，满足传递轴线需要。在已建成的建筑物测量标志或预埋件上设置内控点，结合施工条件、定位轴线测设需要、后浇带的影响，共设置32个内控点，以此保证每段施工流水段拥有至少3个内控点。采用边角测量和极坐标放样相结合的方式进行内控点的引测；作为首层及各层竖向控制与结构放线、基槽（坑）开挖后基础放线的基本依据，建筑物主轴线控制桩的位置需标注于施工现场总平面布置图中，在进行轴线竖向投测前，需对基准点、控制桩进行检测，保证其位置准确，并将误差控制在3H/10000内。投测至施工层的控制轴线需保证闭合图形可顺利组成，且需要基于钢尺长度控制间距，保证间距最大为钢尺长度。在完成控制轴线投测后，需对投测轴线进行检测，施工线与细部轴线的测设需在闭合后进行。

双曲率弧形外围轮廓线定位方案。为更好地保证施工顺利开展，建筑双曲率弧形外围轮廓线定位、变曲率曲线边沿放样坐标点选定、基于后方交会施测方法的通视干扰部位处理、基于坐标转换的不宜架设仪器部位处理均需要得到重视。在双曲率弧形外围轮廓线定位过程中，如采用多线段拟合完成复杂曲线，较大的工作量很容易导出错误的出现，而如果减少拟合线段，施工精度要求则无法得到满足。因此，采用"搓层放样、控制安装、实时监测"方案进行外围轮廓线放样，具体流程可概括为："N+1层鱼头鱼尾曲线位置在N层精细放出→基于吊线坠的方式进行N+1层模板安装施工→测量、验收模板变形情况与安装精度，同时检查垂直度→混凝土浇筑→轮廓复核"；传统的几何作图法、经纬仪测角法、直接拉线法无法满足工程的变曲率结构需要，因此采用二分法进行变曲率曲线边沿放样坐标点选定。对于工程中存在的变曲率曲面结构（无标准层），需结合实际分解变曲率结构，并将设计曲率（无法直接施工）转化为微小直线段（施工中人为操作），配合等分过圆弧顶点切线法，即可保证测量放线精度，满足后续施工需要；施工现场复杂的条件使得部分内控点会出现通视干扰问题，为减少内控点通视受到的影响，楼层结构板边的施测采用后方交会法，转站的误差累积也能够由此避免；不宜架设仪器部位处理采用坐标转换方式，配合自由设站测量，即可基于合适位置架设的全站仪，测量外围轮廓转折点上模板的坐标，同时对3个内控点进行精确测量，即可基于模板检测坐标开展针对性的坐标转换。

综上所述，建筑工程施工测量放线技术的应用需关注多方面因素影响。在此基础上，本节涉及的测量放线控制轴网设定、双曲率弧形外围轮廓线定位方案等内容，则提供了可行性较高的技术应用路径。为更好提升建筑工程施工测量放线水平，各类新型技术与设备的积极应用需得到重点关注。

第三节　建筑工程施工的注浆技术

如今，随着时代的发展，建筑工程对于我国至关重要。而建筑工程是否优质，由注浆工作的优良决定。注浆技术就是将一定比例配好的浆液注入建筑土层中，使土壤中的缝隙达到充足的密实度，起到防水加固的作用。注浆技术之所以被广泛运用到建筑行业，是因为其具有工艺简单、效果明显等优点，但将注浆技术运用到建筑行业中也遇到了大大小小的问题。本节旨在通过实例来分析注浆技术，试图得出可以将注浆技术合理运用到建筑行业中的措施。

建筑工程十分繁杂，不仅包括建筑修建的策划，还包括建筑修建的工作，以及后面维修养护的工作。随着科技的飞速发展，建筑技术也不断地成熟，注浆技术也有一定程度的提升，而且可以更好地使用于建筑过程中，但是在运用的过程中也遇见了很多大大小小的问题，这不仅需要专业技术人员进行努力解决，还需要国家多颁布政策激励大家进行解决。注浆技术就是将合理比例的淤浆通过一个特殊的注浆设备注入土壤层，虽然过程看起来十分简单，但是在其运用过程中也有难以解决的问题。注浆技术运用于建筑工程中的主要优点就是：一定比例的浆料往往有很强的黏度，可以将土壤层的空隙紧密结合起来，填补土壤层的空隙，最终起到防水加固的作用。注浆技术在我国还处于初步发展阶段，没有什么实际的突破，需要我们进一步的进行研究探索。

一、注浆技术的基本概论

注浆技术原理。注浆技术的理论基础随着时代和科技的发展越来越完善，越来越适合用于建筑工程中。注浆技术的原理十分简单，就是将有黏性的浆液通过特殊设备注入建筑土层中，填补土壤层的空隙，提高土壤层的密实度，使土壤层的硬度以及强度都能够得到一定程度的提升，这样当风雨来袭，建筑能够有很好的防水基础。值得注意的一点是，不同的建筑需要配定不同比例的浆液，这样才可以很好地填充土壤层缝隙，起到防水加固的作用。如果浆液配定的比例不合适，那么注浆这一步工作就不能产生实际的作用，造成工程量的增加，也浪费了大量的注浆资金。所以，在进行注浆工作前，要根据不同的建筑配备合理的浆液比例，这样才有利于后续注浆工作的进行。而且注浆设备也要进行定期的清理，不然在注浆的工程中，容易造成浆液的堵塞，影响后续工作的进行，而且当浆液凝固在注浆设备中，难以对注浆设备进行清理，容易造成注浆设备的报废，也对造成浆液资金的大量浪费。

注浆技术的优势。注浆技术虽然处于初步发展阶段，但是却已经广泛运用于建筑工程中，其主要的原因是其具有三个优势：第一个优势是工艺简单；第二个优势是效果明显；第三个优势是综合性能好。注浆技术非常简单，就是将有黏性的浆液通过特殊设备注入建筑土层中，填补土壤层的空隙，提高土壤层的密实度，使土壤层的硬度以及强度都能够得到一定程度的提升。而且注浆技术可以在不同部位中进行应用，这样就有利于同时开工，提高工作效率；注浆技术也可以根据场景（高山、低地、湿地、干地等等）的变换而灵活更换施工材料和设备，比如在高地上可以更换长臂注浆设备，来满足不同场景下的施工需要。注浆技术最主要的优点就是效果明显，相关人员通过合适的注浆设备进行注浆，用浆液填补土壤层的空隙，最后能使建筑能够很好地防水和稳固，即使是洪水暴雨的来袭，墙壁也不容易进水和坍塌。在现实生活中，注浆技术十分重要，因为在地震频发的我国，可以有效地防治地震时建筑过早的坍塌，可以使人民有更多的逃离时间。综合性能好是注浆技术运用于建筑工程中最明显的优点。注浆技术将浆液注入土壤层中，能够很好地结合内部结构，不产生破坏，不仅可以很好地提升和保证建筑的质量，还可以延长建筑结构的寿命。也就是这些优势，才使注浆技术在建筑工程中如此受欢迎。

二、注浆技术的施工方法分析

注浆技术有很多种：高压喷射注浆法、静压注浆法、复合注浆法。高压喷射注浆法在注浆技术中是比较基础的一种技术，而静压注浆法主要应用于地基较软的情况，复合注浆法是将高压喷射注浆法和静压注浆法结合起来的方法，从而起到更好的加固效果。每种方法都有不同的优势，相关人员在进行注浆时，可以结合实际情况选择合适的注浆方法，这样才可以事半功倍，而且还可以将多种注浆方法进行结合使用，这样也有利于提高工作效率。下面进行详细介绍：

高压喷射注浆法。高压喷射注浆法在注浆技术中是比较基础的一种技术。高压喷射注浆法最早不在我国运用，早在18世纪20年代的时候，日本首先应用了高压喷射法，并且取得了一定的成就。我国在几年前引入高压喷射注浆法运用于建筑工程中，也取得了很好的结果，而且在使用的过程中，我国相关人员总结经验结合实例，对高压喷射注浆法进行了一定的改善，使其可以更好地运用在我国的建筑过程中。高压喷射注浆法主要运用基坑防渗中，这样有利于基坑不被地下水冲击而崩塌，保证基坑的完整性和稳固性；而且高压喷射注浆法也适用于建筑的其他部分，不仅可以使其有效地进行防水，还进一步提高了其的稳定性。高压喷射注浆法比起静压注浆法，具有很明显的优势，就是高压喷射注浆法可以适用于不同的复杂环境中，而静压注浆施工方主要只能应用于地基较软的环境。但是静压注浆法比起高压喷射注浆法，也具有很大的优势，就是静压注浆法可以对建筑周围的环境也能给予一定保护，而高压喷射注浆法却不可以。

静压注浆法。静压注浆施工方法主要应用于地基较软、土质较为疏松的情况。注浆的主要材料是混凝土，其自身具有较大的质量和压力，因而在地基的最底层能够得到最大限度的延伸。混凝土凝结时间较短，在延伸的过程中，会因为受到温度的影响而直接凝固，但是在实际的施工过程中，施工环境的温度局部会有不同，因而凝结的效果也大不相同。

复合注浆法。复合注浆法具体来说即是由上文介绍的静压注浆法与高压喷射注浆法相结合的方法，所以其同时具备了静压注浆法与高压喷射注浆法的优点，在应用范围上也更加广泛。在应用复合注浆法进行加固施工时，首先通过高压喷射注浆法形成凝结体，然后再通过静压注浆法减少注浆的盲区，从而起到更好的加固效果。

三、房屋建筑土木工程施工中的注浆技术应用

注浆技术在房屋建筑土木工程施工中也被广泛应用，主要运用在土木结构部位、墙体结构、厨房与卫生间防渗水中。土木结构部位包括地基结构、大致框架结构等等，都需要注浆技术来进行加固。墙体一般会出现裂缝，如果每一条缝隙都需要人工来一条一条进行补充，不仅会加大工作压力，而且填补的质量得不到保证，这时就需要注浆技术来帮忙，通过将浆液注入缝隙中，可以很好地进行缝隙的填补，既不破坏内部结构，也不破坏外部结构。人们在厨房与卫生间经常用水，所以厨房和卫生间一定要注意防水，而使用注浆技术能够很好地增加土壤层的密实度，提高厨房和卫生间的防渗水性。下面进行详细的介绍：

土木结构部位应用随着注浆技术的应用范围越来越广，其技术也越来越成熟，特别是由于注浆技术的加固效果，使得各施工单位乐于在施工过程中使用注浆技术。土木结构是建筑工程中最重要的一部分，只有结构稳固，才能保证建筑工程的基本质量。注浆技术能够对地基结构进行加固，其他结构部位也可利用注浆技术进行加固，尽管注浆技术有如此多的妙用，在利用注浆技术对土木结构部位加固时，要严格遵守以下施工规范：施工时要用合理比例的浆液，而且要原则合适的注浆设备，这样才能事半功倍，保证土木结构的稳定性。

在墙体结构中的应用。墙体一旦出现裂缝就容易出现坍塌的现象，严重威胁着人民的安全。为此，需要采用注浆技术来有效加固房屋建筑的墙体结构，以防止出现裂缝，保证建筑质量。在实际施工中，应当采用黏接性较强的材料进行裂缝填补注浆，从而一方面填补空隙，一方面增加结构之间的连接力。另外在注浆后还要采取一定的保护措施，才能更好地提高建筑的稳固性，保证建筑工程的质量，进而保证人民的人身安全。

厨房、卫生间防渗水应用。注浆技术在厨房、卫生间防渗水应用中使用得最频繁。注浆技术主要为房屋缝隙和结构进行填补加固。厨房、卫生间是用水较多的区域，它们与整个排水系统相连接，如发生渗透现象将会迅速扩散渗透范围，严重的话会波及其他建筑部位，最终发生坍塌的严重现象。因此解决厨房、卫生间防渗水问题，保证人民的人身安全时，要采用环氧注浆的方式：首先要切断渗水通道，开槽完后再对其注浆填补，完成对墙体的修整工作。

综上所述，注浆技术是建筑工程中不可缺乏且至关重要的技术，其不仅可以加固建筑，而且还可以提高建筑的防水技能。注浆技术有很多种：高压喷射注浆法、静压注浆法、复合注浆法，相关工作人员只有结合实际情况选择合适的注浆方法，才可以事半功倍，而且还可以结合使用多种注浆方法，提高工作人员的工作效率，保证建筑工程的质量。

第四节 建筑工程施工的节能技术

随着科技的不断发展进步，建筑行业的技术也在不断地提升，从20世纪的平民瓦屋变成如今这个世纪的高楼大厦，这些都体现着建筑行业的发展。随着科技的不断进步，在建筑行业对于节能环保越来越加重视。在如今这个时代，建筑行业的每一个项目都会有节能环保的设计环节参与到里面，希望能够把节能环保的理念体现出来的同时也要落到实处。本节着重在建筑工程施工的过程中分析节能技术的应用，同时对它的意义、概论、以及作用都进行了详细的分析和描述。

近些年来，随着我国的经济不断发展，人民的生活水平不断提高，这也使得节能环保的概念深入人心。特别是一些不可再生资源的重要性在我们的生活中也体现得越来越明显。所以人们的节能环保意识也在不断地上升。那么在如今的建筑工程施工过程中，我们都会把一些节能环保的产品引入到建筑项目中。在建筑的施工过程中尽可能多地使用可再生资源，比如说太阳能、风能等等在我们的生活中普遍使用。这样不仅仅可以减少对环境的污染，而且还可以节约不可再生资源。在近几年的建筑工程施工中我们可以看到整个施工过程中所体现出来的几个特点，比如说高科技设备、低功耗、低污染，这些都使得建筑工程行业在不断地进步，不仅极大地节约了资源，而且促进了经济的进步。

一、建筑工程施工节能技术的意义

我们知道在建筑屋顶的主要作用就是隔绝热量、隔水，而且能够保证室内的温度不会产生较大的差异。那么对节能技术在这一块的应用应该更加重视。我们在设定建筑屋顶的时候，其最主要的实现功能就是能够冬暖夏凉，但是利用传统的建筑技术，如果要实现这一部分功能则需要花费大量的人力和资力。因此我们在进行顶部功能的设计的时候，应当充分的考虑节能技术的使用，将整个建筑物的综合功能都考虑在内，使得屋顶的价值能够最大化。

节能技术降低了施工成本。节能环保技术的使用的初衷就是为了能够节约资源或者减小资源的浪费。特别是对于不可再生能源，很多都使用了新能源进行代替使用，得到的效果也是非常的不错。比如说在传统的建筑行业施工过程中，我们经常使用的有水泥，钢筋，混凝土等等材料，那么在如今的建筑施工过程中，我们可能会采取一些新能源进行替代部分传统材料的使用。最常使用的便是太阳能，风能等等新能源。这些新能源不仅使用效果好，而且他们的成本都是非常的低，并且可再生使用。降低了施工过程中的成本，提高了施工的效率。

节能技术提高了施工技术。因为建筑工程在施工的过程中所涉及的科目较为广泛，包括工程学，建筑学，机械学等很多个科目糅杂在一起，非常的复杂而且施工的量也非常的大。所以说如果想要实现整个建筑工程都能够节能环保，那么就需要在施工的过程中使得各个环节都能够协调。使用的各种技术、各种材料、以及在每一个时期所采取的措施，都能够互相地结合在一起,这样就能够实现整个施工过程实现节能。那么整个工程质量也会因此大大的提升,当工程质量能够得到用户的普遍认可,那么这样就会使得施工队伍的竞争力越来越大,在整个建筑行业里面都能够有自己的一席之位。同时,还能够促进整个建筑行业的快速发展,促进经济的发展。

提高节能保温技术。建筑工程中的节能保温技术,主要在外墙,屋顶,门窗,以及地面四个方面实施。因为建筑物的主要主体都是由这四个方面进行组成的。那么这四个方面的保温技术如果能到能够得到提高,对用户居住在建筑物中的舒适度将会有重要的作用。也正是由于节能保温技术对于建筑物的重要作用,所以才使得在我国的建筑行业里面,对这项技术的提高尤为重视。虽然我国的现代化建筑行业相比于国外的建筑行业还是存在着一定的差距,但是经过了这些年的不断发展,在整体的水平上已经很是接近。

二、建筑工程施工中节能技术的作用

有助于实现可持续发展。对于建筑行业来说,我们在进行建筑施工的过程中,都是有着明确的规定以及施工的范围都有着一定的要求。所以我们在施工的过程中就需要施工人员以及项目负责人都要按照制定好的标准来实施,特别要拟定的是节能环保,标准。因为现代的居民对于居住的要求越来越高,所以对于我们的施工过程来说都必须要有严格的标准。在现代化的建筑行业在进行施工的过程中,通常都是采用节能的技术,最终的目的,都是为了实现可持续发展。现代化的建筑行业相比较于传统的建筑行业来说,具有很大的进步优势。因为在传统的建筑行业里面都是以节约资源作为标准。仅仅是为了把资源控制在尽量小的范围内进行使用,而并不能完全实现未来的可持续发展。所以在现代的建筑行业里面就需要我们不仅能够节约资源,实现资源利用最大化,而且能够实现整个建筑资源可持续发展。

有助于推动建筑产业的发展。建筑行业的经济效应通常都与建筑物的质量息息相关。特别是在施工的过程中,建筑物的效果以及对建筑采取的节能技术将会直接的对建筑行业有着很大的影响。在施工过程中,有很多的节能环保技术不仅仅靠资源是能够解决的,而且还需要许多的高新技术设备来进行支撑才可以同步完成。特别是,机械电子与节能材料这两个产业与节能技术有着紧密的关系。所以说需要二者的紧密结合共同推动建筑产业的发展。

有助于资源的充分利用。因为在施工的过程中,有很多的资源都被浪费了。所以说在,巨大的资源利用的同时,需要我们对其合理的分配使用。否则将会造成建筑行业里面对于资源使用情况的浪费更加的严重。比如说在施工的过程中会因为资源浪费而产生粉尘,对环境和空气造成极大的污染,还会因此而产生很多的垃圾。那么我们在施工的过程中使用节能环保技术则可以在很大程度上避免这种情况的发生。那么我们使用节能技术,节能技术里面的资源回收再利用,则是可以将浪费的部分的资源重新进行使用。这样可以有助于资源的充分利用,也可以提高建筑行业在施工过程中的效率。

三、建筑工程施工中节能技术的应用

节能材料的应用。在整个节能技术的应用里面，对于节能材料的使用则是最广泛的。比如说我们在建地基的时候，可能需要考虑的在建建筑墙体的时候的重量问题，因为需要考虑地基所能承受的最大的负载重量。但是在采用了节能技术以后，我们可以采用加气全气块技术，这样就可以把墙体的重量给降下来。还有对于墙体，我们还可以使用节能玻璃材料，不仅坚固而且还可以节约资源、节约材料。对于节能材料的应用还有许多的方面。使用节能材料不仅仅能够提高整个建筑物的稳定性，还可以节约水泥混凝土的使用，减少了资源的浪费，保护了环境，提高了建筑物的质量。

建筑工程结构的节能设计。随着经济的不断发展，可持续发展越来越受到关注和重视。因此，相关部门出台了一些文件针对节能环保技术给予了很大程度上的重视和支持，这也使得节能环保技术在如今的建筑施工过程中使用的范围越来越广。

在建筑地面施工中的应用。建筑地面的最主要的功能就是为了能够实现防潮和采暖。那么在施工的过程中能够选用质量较好的防潮材料则是相当的重要。那么在这个设计的过程中就需要充分的考虑建筑结构的节能应用，使得屋内的热量能够充分的，散发出来，但是同时还要注意，屋里的保暖功能，不受干扰。这就需要节能保暖技术与保暖材料共同充分的结合起来。

在建筑门窗施工中的应用。在将整个建筑物的大体框架施工完成之后，那么建筑门窗的施工就属于最为重要的部分。因为建筑门窗的使用，不仅仅要消耗大量的材料，而且还需要大量的人力。那么我们在进行安装建筑门窗的时候就需要充分的考虑节能材料的使用。利用节能技术将建筑门窗的基本功能得以实现，而且还能够保证与建筑物整体的完美契合。

可再生资源的利用。对于建筑中可再生资源的利用，那么通常就是将太阳能、风能等新能源进行充分的结合，为建筑物所使用并且能够实现建筑物的节能功能。特别是在现代化的日常生活中，太阳能已经被普遍的使用。比如说，在居民的房屋顶部通常都是使用太阳能热水器。还有在现在的很多交通要道上，都已经采取太阳能路灯供电。这些都说明太阳能在建筑施工中已经被普遍的使用，并且使用的效果也是非常的不错。那么对于风能的使用，通常都是在发电站内部进行使用。这些可再生资源的使用都大大地节约了有限的能源。

根据本节的详述介绍，我们知道节能技术在建筑工程的施工过程中取得的效果非常的显著。而且，在建筑项目工程上，节能技术的广泛使用不断地促进建筑行业技术的提高，促进经济地不断发展，也在不断地将我国建设成为一个资源节约型的社会。相信节能技术在未来的使用上范围也将更加的广阔，前景更加的美好。

第五节　建筑工程施工绿色施工技术

因为现代社会人群的环保意识提高,所以建筑工程施工作为城市环境污染来源之一,其必须对施工进行管制,消除或控制各类污染现象,而管制手段上,在现代技术背景下建议采用绿色施工技术。绿色施工技术是在传统施工技术基础上,围绕降低施工污染目的进行改进而得出的先进施工技术,此类技术不但具有良好的环保价值,同时形成的施工质量,相比于传统技术更是有过之而无不及,因此此类技术应用价值较高。本节出于推动施工绿色技术应用目的,将对此类技术的应用进行分析,了解常见技术种类以及应用方法,并提出有关绿色施工技术未来发展的思考。

传统建筑工程施工中,大多数施工单位只关注施工质量,普遍缺乏环保意识,导致施工技术应用"大刀阔斧",造成了类似扬尘污染、废水污染等污染现象,使周边环境质量不断下降,这一情况在长期城市建设当中愈演愈烈。而在现代,传统建筑工程施工引起的环境污染现象,得到了广泛的关注,地方政府以及社会群众,都希望对这一现象进行治理,在这一要求下就出现了绿色施工技术,此类技术同时兼顾环保要求以及施工质量,具有更高的应用价值。

一、传统建筑工程污染现象分析

在传统建筑工程施工中,因为施工管理侧重于工程质量,所以忽略了施工污染治理部分,导致施工中出现很多污染现象,例如扬尘污染、废水污染、垃圾污染等,下文将对这些污染现象的具体表现进行分析:

扬尘污染。扬尘污染在传统建筑工程当中十分常见,主要指施工时各类细小的粉尘颗粒进入空气中飘荡,人长期在此环境中生存,容易影响自身健康,严重时会引发疾病。成因上,扬尘污染的形成原因有很多,例如混凝土卸料、桩基开挖,甚至施工人员的走动都可能引起大面积扬尘,由此可见扬尘污染是施工中难以避免的现象。

废水污染。废水污染是指传统建筑工程施工时,因人工排水行为而造成是水体污染现象,即因为某些施工行为当中需要使用水资源,例如用水清洗施工设备等,由此就产生了废水,而传统施工人员常随意排放废水至周边路面上,由此就形成了废水污染。废水污染会直接影响到城市环境的美观度,同时可能会散发刺鼻气味,使生活质量下降。

垃圾污染。在传统施工技术当中,部分施工技术会产生大量的施工垃圾,例如木屑、钢材废料等,甚至存在化学类垃圾,这些垃圾产生之后,施工人员可能会将其胡乱丢弃,由此形成垃圾污染。垃圾污染同样会对城市环境美观度造成影响,且其中化学类垃圾可能存在有毒物质,对于环境与人体都有较大危害。

二、绿色施工技术思考与种类

绿色施工技术思考。针对绿色施工技术在建筑工程当中的应用，下文将对其技术特点与应用原则进行分析：

技术特点。就当前绿色施工技术表现来看，其具有节能效益与高精度的特点。其中节能效益体现为：综上三类污染现象可见，其即使在现代建施工当中也难以避免，但为了处理污染问题，应当降低扬尘、废水、垃圾的产生，这一点与施工技术的节能效益有直接关系。举例来说，在混凝土卸料导致的扬尘污染当中，混凝土批次数量就直接影响了扬尘量，即混凝土批次越少扬尘量越少，所以当施工技术节能效益良好，就代表混凝土需求量降低，使得混凝土批次减少，实现控制扬尘量的目的。而绿色施工技术普遍具有良好的节能效益，可以实现消除扬尘污染等污染现象的目的，同时有利于工程投资金额的降低 [3]。

高精度体现为：在现代先进理论当中对于绿色施工技术的定义为：具有高精度特征的施工技术，即绿色施工技术是结合施工质量要求，高精度的控制行为范畴、用料量，由此同时兼顾施工质量与环保目的。具体来说，结合上述节能效益分析内容，绿色施工技术应用应当减少材料用量，但如果材料用量过低，则代表施工质量受损，所以当绿色施工技术出现这一现象，则说明施工本末倒置，因此在应用此类技术时，一定要重视精度要求。

技术应用原则。绿色施工技术应用原则有二，即和谐原则与经济性原则。其中和谐原则体现为：建筑工程施工十分复杂，需要使用很多专项技术才能完成作业，而在传统施工当中，经常出现不同专项技术之间的冲突，例如需要在墙板上预留孔洞，但孔洞位置会影响墙板质量，说明两者之间不和谐。而在绿色施工技术概念下，各类技术必须相处融洽，则是绿色施工技术应用的基本原则，即和谐原则，如果存在技术上的冲突，则说明施工方案有误，必须进行修整。

经济性原则体现为：绿色施工技术在应用当中，不能因为保障质量或实现环保，而大肆使用资金，相反任何围绕绿色施工技术应用设置的施工方案，其都应当遵循经济性要求，将方案成本控制到最低。举例来说，在施工选材方面，需要根据绿色施工工艺要求，就近选择符合标准的材料，此举可以有效节省成本，同时兼顾了环保与质量要求。

绿色施工技术种类。结合案例与先进理论得知，当前常见的绿色施工技术包括：绿色墙体技术、绿色门窗技术，各项技术具体内容见下文：

色墙体技术。墙体结构是建筑工程的主要组成部分，施工技术方面具有体积大、用料多的特点，所以是造成污染的主要部分。而在绿色施工技术下，针对传统墙体施工技术进行了改进，改进方向为材料优化，即传统墙体施工技术当中，主要采用砖块砌体与水泥材料，这些材料容易造成粉尘污染，而现代绿色施工技术当中，主要采用空心砖、活性炭等材料进行施工，其中空心砖可以有效节省施工成本消耗，且产生的污染程度较小；活性炭是最近出现的墙体材料，其不但经济实惠，还具有治理污染的效果，即活性炭可以吸收异味、空气中的有害物质等，所以具有环保价值。此外，结合活性炭墙体材料，在绿色墙体施工技术中还经常使用新型隔墙板材料，此类材料具有更优秀的防水效果，可以避免水体污染。

绿色门窗技术。门窗是建筑工程主要功能体现的结构，即门窗决定了建筑采光、保暖作用，而在传统建筑施工当中，针对门窗部分的施工并没有考虑到采光、保暖功能，只是单纯地进行安装，且施工技术上十分粗糙，易造成框架裂缝等问题。而在绿色施工技术应用当中，针对门窗部位，主要采用双层玻璃、铝合金断热材料和铝木复合材料进行施工，其中双层玻璃主要针对窗，具有良好的隔温、保温、采购功能，而铝合金断热材料和铝木复合材料主要针对门，具有良好的降噪功能。

三、绿色施工技术未来应用趋势

针对绿色施工技术在未来建筑工程当中的应用，本节建议施工企业结合先进技术对施工现场的各类问题进行管理，例如利用扬尘高度传感器对现场扬尘高度进行检测，随后当扬尘高度超过标准值，则自动启动降水系统对扬尘进行控制，由此可以起到治理扬尘污染的作用。同时绿色施工技术应用还要融入施工管理当中，依照绿色施工概念，对人为因素造成的污染进行管制，例如上述废水污染、垃圾污染等，此举可以更充分的发挥绿色施工技术的能效，在未来施工中值得借鉴。

针对绿色施工技术的应用，在现代建筑工程施工中尚还处于概念化阶段，很少有施工企业将其落实，原因在于大多数施工企业还不了解绿色施工技术的应用方法以及重要性，所以本节认为有必要对绿色施工技术的应用进行思考，随之在文中进行了一系列的分析，主要参数了传统施工中的污染问题、绿色施工技术特点与应用原则、绿色施工技术种类以及未来应用趋势。

第六节 水利水电建筑工程施工技术

随着水电技术的发展，人们对他们的建筑技术提出了更高的要求。我国水电工程已成为各行业和利益相关者关注的焦点。再加上我国目前水电工程工作的总体情况和做法，笔者想介绍一下水电工程的现状以及水电工程的重要性。此外，还介绍并解释了关于生产和大坝技术、水泥混凝土添加剂、大规模破坏混凝土技术和大坝建筑技术的一些方面。

在水利水电工程施工安全管理中做到以下几点：一是要经常对施工人员进行安全工作的岗前以及岗中培新，让所有的施工人员将安全施工牢记在自己的心里，高高兴兴上班来，安安全全回家去。从根本上消除习惯性违章，减少发生安全事故的概率；二是要制定和落实安全技术措施，从源头消除现场的危险源，安全技术措施要有针对性、可行性，并要得到切实的落实；三是要加强防护用品的采购质量和检验，确保防护用品的防护效果；四是要加强现场的日常安全巡查与检查；及时辨识现场的危险源，并对危险源进行评价，制定有效措施予以控制。

一、水利水电建筑工程施工技术的意义

水电是一种可再生能源，既安全又安全，其应用对社会进步和经济发展做出了巨大贡献。在水电工程中，技术是工程的根本和关键要素，因此必须执行建筑技术，以确保水电技术的成功实施。水电技术直接取决于工程是否成功完成，只有在工程管理完成时，才会协调所有方向的工作，使整个水电工程达到一个简单的高度。

二、水利水电建筑工程施工技术分析

水电工程项目与成功实施水电工程以及国家和人民的利益有关，因此水电工程将非常重要，下面将对水电工程方法进行分析。

（一）预应力锚固技术

预应力在水电项目中占有重要地位，是一项更具体的技术，直接依赖于水电技术的经济效率。预应力是锚预应力和混凝土预应力的一般张力，是一种不断变化的新技术。技术可以在水电工程过程中对基岩施加初步压力，这取决于强度、方向和深度等.

预应力技术可以保证更好地扩大张力，这是其他技术无法比拟的优势，因为预应力技术可以应对不同种类的差异，这使得结构更加多样化，主要是在两类锚定锚点。锚孔是锚的位置，这是最初影响的基础。锚头必须放在锚孔后面，以便类可以更好地阻断预应力，而锚梁可以作为锚束作为锚，主石可以承受更多的压力。预应力技术加强了水力发电，从而提高了建筑的质量。

（二）施工导流技术

在水电供应方面，建筑的导电性是一种特殊的保护结构，对水电供应和整体建筑质量具有重要影响。实施制造破坏者技术需要暂时修复大坝，作为一种威慑剂，可以更好地保证水电站的建设质量。由于大坝流速迅速、河流面积减少和水流特征显著，应提供适当的技术，全面考虑其稳定性和稳定性，以便为工业变形技术奠定基础。在水电建筑工程中，安装技术可以很好地控制河床，因此直接取决于项目的进展和安全。在这个重要生产技术，因此需要建设完成各种工作，统一按照环境影响和地形，以及协调控制工作质量，确保水电站更高的生产率和工作质量，从而降低水力发电价格和满足建筑要求建筑水力发电。

（三）土坝防渗加固技术

一般来说，水库的水坝很容易被吞没、坍塌、潮湿，其结果会导致水坝泄漏，甚至水库的变形，如果不是及时处理，也会产生重大的影响，造成许多安全问题，因此，水力发电中的技术进步至关重要。大坝加固技术可以应付大坝的渗透和变形，这将使大坝分裂并在大坝中形成一个保护器，以防止泄漏，并最终使大坝保持坚固和稳定。在土坝坝体劈裂的注射土坝灌浆孔布置实际主排孔沿坝轴线设置排气孔，副坝轴线必须放置在150米，这两排孔，分别建立并保持3~5m，灌浆孔的距离，以及样品坝体，最终可能形成坝基防渗体一起到达。

（四）做好施工现场的安全管理工作

水电是一个非常复杂和重要的项目，不仅影响到建筑企业的利益，也影响到国家和人民的利益，因此必须完成水电安全工作。水电工程是多功能的，受到外部环境的影响，因此在建造之前必须建立一个完美的安全管理系统，有几个具体的方面。首先，必须在施工前进行安全培训，按照施工要求进行阶段和阶段，并规定专门工作的许可证制度。第二，必须保证现场每个工作人员的安全和教育，建立世界上第一个关切安全，并为安全准备水电工程。再一次，必须完成技术过渡工作，由技术人员负责，执行水电工程项目的任务，以确保建设顺利进行。再一次，监督工作，及时处理水电技术中的各种安全风险，以及在建筑工地进行安全措施的监测和检查。

水利水电工程的施工管理还有很长的路要走，由于水利水电工程关系到方方面面，它不仅对我国经济的发展有助推力的作用，而且也关系到人民大众的日常生活问题，一定要引起高度重视，将水利水电事业发展和完善好。水利水电工程的施工管理需要有专门的技术人员把关，同时国家应该出台相应的法律法规政策和制度，最大限度的保障水利水电工程的顺利进行。

随着经济的发展，水电和水电项目逐渐增加，随着时间的推移，水电项目的建设取得了一定的成功。水力发电的技术管理是至关重要的，因此重要的是研究水电技术，并在工作的长期发展中发挥重要作用。在实践中，为了确保顺利实施水电工程，需要对水电工程技术进行全面管理，从而确保水电工程的质量完成。

第三章 建筑智能化

第一节 谈建筑智能化

介绍了"智能化"概念的产生,分析了"智能建筑"在中国的发展现状,并从基础、信息通信、管理等方面,对智能建筑的具体设计进行了详细的论述,最后对智能建筑的发展进行了展望。

一、"智能化"概念的产生

早期人们的住所非常简陋,只能满足人们最基本的需求。随着社会的发展科技的进步,人们的活动范围日益扩大,在扩大的同时人们的居住、工作等空间的要求越来越高。随着时间的推移,人们对建筑单体的要求不再是简单的休息、工作的空间,人们对它赋予了更多层次的要求。人们对单体环境的要求逐步提高,对湿热、空气质量、水、电、光、声及信息环境做出具体的要求。随着科学技术和生产力的提高,以前单体设计时需要的范畴得到扩充。

建筑单体方案设计随着20世纪90年代后期网络的兴起,人们的交通组织方式、单体各个功能间的相互协调等的要求都有了明显变化。逐步的包括了更多的现代信息技术,"智能建筑(Intelligent Building)"也悄然出现。

智能建筑的设计理念是由美国人率先提出。1984年美国人建成了世界上第一座智能化建筑,此建筑运用计算机技术对单体内空调、给水、消防、安防及强弱电等系统设计时采用自动化统筹设计,并为单体内业主提供语音、文字、数据等各类技术信息。之后日本、德国、英国、法国等发达国家的智能建筑也相继发展,智能建筑已成为现代化城市的重要标志。

对于"智能建筑"这个专属词汇,世界上不同的国家对其有着截然不同的诠释。比如美国智能建筑学会诠释其为:"智能建筑"是指建筑单体对其结构、系统、服务和管理这四个基础要点实施优化配置,为业主创造一个高效率且具备经济效益的空间。日本智能建筑研究会诠释其为:"智能建筑"需满足包含商业辅助功效、通信辅助功效等在内的相关辅助功效作用,且能实现较高的自动化的单体管理系统保障、舒适的景观和安防系统保障,从而提升其原有的工作效率。欧盟智能建筑集团诠释其为:"智能建筑"是使得业主提高其效率,且又能达到相对低廉的维护资金、最合理的管控其自身的建筑物。该建筑物需要提供一个反应迅速、效率高效且有执行力的环境从而使得业主满足其相关要求。

二、"智能建筑"在中国的现状

在中国"智能建筑"设计开始于1990年,北京发展大厦为中国智能建筑的最初尝试者。在20世纪90年代我国"智能建筑"设计逐步开始推广。以当时的上海市浦东区为例,1997年一年该地区就设计出近百栋的"智能建筑"设计图纸,并在随后得以实施。随后在21世纪的开始之年的十月,我国住房与城乡建设部发布了我国第一个"智能建筑"在设计方面的"蓝本"——GB/T 50314—2000智能建筑设计标准。该规范内确切的定义了智能建筑的含义——"以建筑为平台,兼备建筑设备、办公自动化及通信网络系统,集结构、系统、服务、管理及它们之间的最优化组合,向人们提供一个安全、高效、舒适、便利的建筑环境。"第一次以国家规范的形式定义了"智能建筑"的含义,同时也界定了"智能建筑"的内容和其所代表的含义。明确指出了"智能建筑"的定义。同时也明确了在设计伊始,每一个设计师对于项目为"智能建筑"的设计方向和相关的设计内容。规范了其在设计时所考虑的范畴和相关的标准化设计。随着人们生活水平的提高,人们对建筑物单体的智能化要求也日趋完善和提高,这使得我们每一个设计的从业者都要去认真和细致的了解每一个业主及来访人员的需求,在设计的时候就要去尽可能的考虑进去,一个单体的智能化程度的高与低好与坏,不在于你设计时运用了更高技术含量的网络集成技术,而是在于每一个设计师尤其是建筑设计师在设计的时候是否考虑到了每一个细节的设计。以下是在设计时自己总结的一些"智能建筑"设计时的考虑范围。希望通过此文与大家相互学习借鉴。

三、"智能建筑"概念进行设计

在方案设计时要以"智能建筑"概念为基础,结合"高效·安全·舒适·便利"为主导设计理念,最大限度地满足单体中各个部分的功能要求和其使用需求。在施工图纸的绘制过程中,各专业间需相互配合以达到单体或者整个项目的"智能最大及最合理"化,具体设计时可分为以下几个方面:基础部分、信息通信部分、服务部分、管理部分。以下就具体对这几个部分分开予以阐述。

(一)基础部分

基础部分是"智能建筑"最基础的部分起着奠基石的作用,这部分主要是建筑专业要协调电气专业以及结构专业,在单体的基础部分就开始布置和实施,为单体内部的下一步组织和分配奠定基础。其主要内容包括两个方面:第一方面为弱电线路基础布置,主要是指单体内部弱电管道和布线排布。其包含单体内主管道的水平及垂直走向,布线总线路走向及布置位置以及相关线路的接地系统。第二方面为单体建筑物的防雷接地,其内容包括有相关网控机房、消防和安防调度室、GPS接收系统、单体周边设备、楼内管线的防雷接地点和接地网的布置。这部分需要建筑专业统一协调,以达到各部分的相互统一。

(二)信息通信部分

信息通信部分是指单体内的弱电线缆的铺设和相关设备线路的走线。具体包括以下几个方面的内容:

1. 综合布线系统

其包含有小区内部计算机的相互连接以及与因特网连接的网络、可视电话的区域连接、视频监控系统、楼宇设备自控系统以及其他相关智能化系统的综合线缆布置等。以上通信部分需要建筑专业人员与甲方沟通，确定其需要的部分，并指导相关专业配合，以达到统一布置，综合利用的总体效果。

中国农业大学水利土木工程学院党委书记杨培岭以《节水灌溉技术的未来发展方向和趋势》为题进行了精彩演讲，他呼吁要深入基础理论研究，加快节水灌溉科研成果的转化，实现节水灌溉技术的创新。要推广自动化控制系统，加强节水灌溉设备质量的监管控制，加强水资源管理，合理确定水价，建立健全节水灌溉体系服务。

当前绝大多数项目均是接入万兆以太网能保证千兆到各层百兆到用户端。如果单体为综合体的话应考虑不用使用功能部分的信息通信在物理相互各自独立。

2. 电话通信系统

包含随着现在人们对这部分的要求越来越精细，电话通信系统应包含以下几个方面：电话程控交换系统、带有无线基站的无绳电话、带有寻呼基站的寻呼系统、采用微蜂窝寻呼技术与程控电话交换机相对接，达到交换机分机寻呼、人工键盘寻呼或手持对讲机寻呼等功能。

3. 相关机房系统

包含网络中心的装修、强电配置、防雷接地、安防、专用区域的 VRV 空调系统等内容。同时为我国现行的三大移动信号商（联通、移动、网通）提供信号覆盖、增强及相关特定区域的屏蔽。建筑专业在施工图绘制过程中要考虑这些方面的空间预留，以及与相关专业间的配合走线，以到达布局合理，空间利用紧凑的效果。

（三）管理部分

此部分设计是为了便于整体管理而设置，以达到项目"管家式"管理的设计理念。具体包括以下几个方面：

1. 相关设备监测系统

其包含热水、给水、中水、强弱电、防排烟、喷淋以及电梯扶梯等相关系统的控制和管理。同时还要对不用的使用功能进行独立分隔。同一使用功能部分的相互独立计费等要求。在综合管理的同时还要兼顾其分别使用的要求。

2. 安防系统

包含视频监控、入侵报警、保安巡逻、门禁控制、停车场管理、访客对讲等若干个相对独立的小系统。

3. 火灾报警控制系统

该部分主要是要保证各个单体建筑物内部、各建筑物之间的火灾自动报警、消防联动与自动灭火等功能。这部分相对独立，但是在建筑专业绘制施工图工程中要考虑相关位置的预留，这部分最容易遗忘的就是预留空间不足或者无预留空间。

以上是作者对"智能建筑"的理解,智能建筑不是说是其他专业尤其是电气专业的专项。其实"智能建筑"是要求每一个专业都要专心及细心地去研究。尤其作为龙头专业的建筑专业,要起到承上启下,相互连接的作用。作为一个建筑专业的从业者在实际工程中感触颇深。一个"智能建筑"到底其智能化有多高的程度,取决于其开发者的开发定位。同时也决定于一个建筑师的经验和细心程度,只有这两方面有机地结合在一起才能创造出真正意义上的"智能建筑"来。

对比国外"智能建筑"建筑的发展和趋势,我国的"智能建筑"还处于初级阶段。但是随着社会的发展和广大人民群众对智能化的要求的提高,我国的"智能建筑"设计领域有着光明的前景,同时我们建筑设计师对"智能建筑"的理解和国外还有着不小的差距,通过这篇文章的撰写,希望与广大的建筑师们共同努力,使我国的"智能建筑"早日与国际接轨。

第二节 建筑智能化与绿色建筑

随着社会的不断进步,国民生活水平的不断提高,人们对生活质量的追求越来越高。智能化建筑概念的不断普及,使越来越多的人更加青睐于新型的智能化建筑。智能化建筑通过系统联动,能有效节能降耗,达到绿色建筑的要求。本节讨论了建筑的原理、技术和系统集成。具体在结构以及建筑施工和运营的基本要求等方面做了相关的阐述。

目前我国城市不断扩建,土地资源紧张。现有的资源越来越跟不上人们消耗资源的步伐。不可再生资源的生产难以长久的满足日益增长的建筑消耗需求。为体现"可持续发展"和"和谐社会"的理念等符合社会发展和顺应时代潮流的理念,可以对现有土地资源升级改造,但是会占用大量的人力和财力。而对现有资源的智能化与绿色化利用比开发新的资源更加有效,旧的土地等资源若是得不到合理的使用,将会进一步破坏生态环境。在人们的思维层面上,建筑应该是以安全第一、舒适第二、健康第三,只有满足这三个要素,绿色建筑的理念才真正落到实处。绿色建筑一定要保障人们居住的舒适程度,但是不会以大量消耗现有资源为代价。它在资源的使用选用上有了很大的改观,例如传统的资源使用一般都是使用煤炭发电、火力发电、但是现代的资源使用一半能利用风能、太阳能或者是水力发电。这种在能源利用上的转变最大契合了人们要绿色化建筑的观念。例如开发新的节能设备取代原有的高耗能设备。

在建筑中加入智能化系统,使人们的居住环境更加方便、快捷、智能和绿色。建筑智能化与绿色建筑的发展前景非常美好,其中科技创新将在智能化与绿色建筑发展中有很大的提升空间。

一、绿色智能化建筑的概念

在传统建筑建造中,施工以及运行整个产业将会消耗地球上接近一半的水资源、能源和原材料资源,而建筑产业在温室效应方面也带来巨大的负面影响,同时它还会污染水,产生不可降解也不好二次利用的建筑垃圾，同时会产生一些对人体有害的气体。新型的绿色化建筑将会改变这种局面，新型绿色建筑在能源消耗、材料使用方面始终贯穿绿色理念。建筑智能化以信息技术为辅助，建筑技术和可持续发展为根本。现代社会发展中，不断涌现新技术、新的设备、新的系统，如公共安全管理系统，使人们的居住与办公环境更加舒适便捷和安全。同时环保、节能的理念也融入其中。

建筑智能化与绿色化在日常生活中随处可见。以绿色为理念，智能化为手段，在建筑中贯穿绿色智能化建筑这一个理念。以智能化技术为支撑点，运用新的安全系统，智能化系统以及自动化系统，使人们的居住和工作环境更加舒适和高效。只有人与建筑环境系统的相互协调，才有利于城市的可持续发展。

二、建筑智能化与绿色建筑的具体内容

（一）网络通信与多媒体技术

利用无线通信技术和多媒体技术，使数据、语音、图片等信息的传递更加高效。网络使用物理线路使人们在使用资源的时候能够达到资源共享以能够互相交流信息。通信的具体定义是人们借助和利用不同的信息媒介表达传送信息，在现代社会的发展中，电脑和手机都可以联网，联网后可以借助不同的软件向不同的对象传送信息，这正是通信技术在日常生活中的应用。多媒体技术是指运用电脑技术数字化图像、文字等信息，例如制作动画时利用的是图片合成技术，声音、文字以及影像的结合。将这些元素整合在一个可以互相传播的界面上，具体在电脑上，这样电脑就成了一个可以展示不同信息媒体的工具。人们获取信息的方式与传统的文字书写，寄信的方式有所区别，这正是信息时代人们在获取信息方面的巨大转变。多媒体技术的这些优点，使得它在信息管理、学校教育，建筑技术方面甚至家庭生活与娱乐方式等领域方面得到普及和利用。

网络通信技术在建筑技术方面的使用正是智能化建筑的理念，多媒体技术使人在建筑中的居住和办公更加舒适便捷高效。

（二）图像显示与视频监控技术

图像显示技术在建筑智能化与绿色建筑方面的使用有，传统方面是阴极射线管（CRT）是使用最早且最为广泛的一种显示技术。它的优点为成本低，清晰度、色度均匀丰富等，且人们在CRT使用方面的技术已经很成熟。现在白炽灯已经逐渐被人们所淘汰了，发光二极管显示屏（LED）即LED灯取代了它。因为在相同的光长下，它更能省电，这一点恰好符合环保又为人们节省了在电能方面的消耗。LED灯美名曰绿色光源，在信号灯、车内灯、液晶显示屏等方面都有着广泛的应用。

（三）IC卡与系统集成技术

在日常生活中，上班族们已不再使用纸片打卡，而是改成了IC打卡。人们消费时，不再是使用纸币付款，而是改成了刷卡支付，或者说更进一步变成了支付宝或者微信支付。这都

是智能化技术在人们生活中普遍使用的案例。一卡通取代了传统的纸笔记录方式，在全国范围内普及使用IC卡技术，将节省大量纸张，同时保护大量的森林资源。这正是绿色环保的理念。

集合现有的信息，更加高效的管理信息还有分享信息，这是一个新的信息管理系统。全面综合化管理各类资源，使各类信息资源更加便捷高效的使用和管理。办公人员在管理信息的时候能够借助系统，使用视频、网络等工具，实现对系统的高效管理。同时警察在办案的时候能够实现信息交流，使得信息能够在全国范围内流通，多地警方互相协助便于抓到罪犯。

三、绿色智能化建筑体系的结构

（一）艺术与建筑的相互结合

美丽的建筑，能够给人们带来美的体验，从而使人身心愉悦。但若是只有美这一个优点，没有什么大的用途，所以美观的建筑只是一个外表。艺术建筑具有抽象性，建筑能够反映一些社会生活，但它是很普通的，不可能像别的意识形态一样有悲剧式、颓废式、喜剧式、漫画式的。它总是平平常常的，不会有过分激烈的情感，但是它就是在那里，潜移默化的给人一种美的体验。长城在现代是世界性遗产，是中华民族的骄傲，但是在古代，它是长期战争的产物，它只是一个工具。综上，建筑具有某种象征性。

（二）绿色设计理念与建筑的融合

在建筑的内部和外部同时落实绿色化的理念。土地的利用方面应计划性利用，不能无节制地利用，因为土地资源是不可再生的，一旦被使用为建筑用地，若需要再次使用，只能摧毁原有的建筑，在原有地基的基础上使用。所以在开发新土地时，一定要计划使用。在建筑中使用对人体有害的气体或物质建筑材料的使用方面，做到少用甚至杜绝使用。在室内多使用天然植物如绿色植物和鲜花等，可使室内在更加美观的同时调节室内湿度，因为绿色建筑的呼吸作用能够过滤室内气体。

全球气候变暖，海平面的不断升高，全球现有陆地面积不断减少。在这种情况下，更要节省土地资源，人们总是误以为现代化建筑很贵，只有高消费人群才可以负担起。其实不然，只是现在的楼盘销售，利用绿色建筑为亮点，将建筑的售价提高，使人们形成一个错误的观念，绿色建筑就是高档建筑。绿色建筑是一个广泛的概念，但是并不是贵。

四、绿色智能化建筑落实的核心

（一）绿色建筑智能化设计和施工是落实过程中的核心

设计智能化管理系统，在用电用水方面，可以统计各种数据以及分析各种数据，例如现有的技术可以根据用水量的多少制定不同的水价，达到潜在提醒人们节约用水的目的。在光源的利用方面，室内建造应进行智能化设计，尽可能利用天然光源，这样可以减少电源的能耗。用节能的设备代替高耗能的设备，设计利用相应的设备使得太阳能能够更加高效的使用转换为其他形式的能量，可以在家家户户推广应用。特别是在风大的地区要利用好风能发电，而在河流多的地方，利用水源，利用可再生资源实现资源的转化利用。

火灾自动报警系统和视频监控系统能在面对危害社会安全的突发事件时，快速疏散人群，同时尽最大可能保障建筑内人员的财产与生命安全。

（二）高效运营管理的要点

运营管理中的资源管理主要是节能节水的管理，实现每家每户分类统计自来水、废水，合理地制定收费标准。绿化方面的运营主要是协助物业的管理，使物业能够检测环境和小区内的各个角落，当发现异常时，能够及时采取相应的应对策略，同时使居民生活在一个美观、和谐、自然与城市和谐发展的生态系统之中。综上所述，运营和管理的要点有绿化、网络、材料、资源、废物等方面的综合管理。

人们对生活质量的要求越来越高，建筑应融入绿色化与智能化的建筑理念，同时节能环保，给大众全新的居住和生活体验。

第三节　建筑智能化存在的问题及解决方法

随着科技的不断进步，人们的生活水平也逐步提高，信息和智能化技术的应用，可以大幅度地提高建筑物的使用效率和舒适度。设计建设出具有智能化功能的符合当今这个时代的建筑，是建筑行业的一个新课题。目前我国建筑的智能化设计及建造过程中还存在诸多问题，需要不断完善。

一、建筑智能化技术应用中存在的问题

随着建筑行业的迅猛发展，智能化技术得到广泛的应用，但随之也出现了一些问题。如智能化整体水平较低、自动化缺乏创新、相关人才的缺失及设计中缺乏相关技术的应用与落实。

（一）智能化整体水平较低

与其他科技强国相比，我国信息化技术起步较晚，所以建筑设计的智能化发展较为缓慢。目前，我国在智能化技术积累及人才培养方面较为欠缺，在施工和设计中的经验较少，无法将信息化技术合理地运用到建筑设计中。因此，建筑智能化整体水平较低。

（二）自动化技术缺乏创新

任何技术都需要通过不断的创新和优化实现技术迭代。我国建筑智能化技术起步较晚，主要借鉴国外成熟技术，自主创新较少，但我国的国情与其他国家不同，部分技术在实际应用中会出现水土不服的问题，因此，需要不断开发适合我国国情的信息自动化技术。自动化是智能化的一种表现形式。只有将自动化创新达到较高的水准和要求，才能够促进智能化发展。

（三）缺乏高水平的专业技术

虽然智能化技术已经在我国工程建筑领域中得到了广泛应用，但是人们并没有全面掌握智能化技术的实践经验和理论知识，在核心技术方面，还要借鉴和引进国外的先进技术。另外，我国建筑智能化施工水平不高的主要原因是缺乏成熟的施工计划方案，没有制定完善的施工管理机制，无法充分利用建筑智能化技术的优势。而建筑智能化工程涉及的技术层面较为广泛，建筑施工人员的知识水平达不到建筑智能化工程的要求，严重影响建筑智能化工程的顺利开展。

二、建筑智能化中相关问题的改进方案

目前，对于建筑智能化相关问题的改进方案主要有：普及智能化应用、敢于进行创新、重视人才的培养及重视智能化技术的全面落实。

（一）在新建筑设计中普及智能化应用

智能化系统的发展离不开长期的应用和实践，人们应该在新的建筑物中，推广相关技术的应用，为后面的发展积累数据和经验，促进智能化技术应用的普及和发展，逐步推进我国智能化建筑施工的应用。

（二）要敢于进行创新

我国智能建筑行业整体发展起步较晚，在技术方面落后于国外发达国家，但是也有相应的后发优势。可根据我国的国情和建筑设计的特点，有针对性地开发一些具有中国特色的智能化系统，实现对智能化技术的创新，提高用户的感知度和接受度。

（三）重视相关人才的培养

智能化技术的发展需要专业技术人才的支持，因此，应该重视对专业人才的培养。尤其要培养具有信息化技术和建筑专业的人才，保证智能化建筑既能符合建筑物本身的要求和规范，又具有智能化的特点。要重视提高基层施工人员的素养，确保设计方案能够落到实处。

（四）重视智能化技术的全面落实

当前智能技术在建筑业已经得到全面的发展，如现场施工中智能建筑系统涉及智能消防、建筑节能等方面。在未来发展中人们还应该强化智能技术在建筑体系中的应用，可通过科学的设计提高建筑物的智能水平。

三、建筑智能化的具体应用场景

（一）出入控制系统智能化改进

建筑物出入控制系统设计是非常基础的设计，可以对其进行智能化升级。现在的出入控制系统是通过控制器、读卡器、出入按钮设施进行人员进出的管理，可以对其进行智能化改

造及升级，如通过人脸识别系统、指纹系统来确定进出人员的身份，将相关数据传输到网络中心进行存档并且能对可疑人员进行识别，提高整个建筑物的安全水平。

（二）建筑照明系统的智能化改进

照明用电的能耗是建筑能耗的主体，可以通过智能化技术对整个建筑物的照明系统进行智能调节，以降低整个建筑物的能源消耗。可通过磁力调节和电子感应技术，对建筑物内居民的用电情况进行监测。然后根据室内人员的活动情况，对相应区域进行合理优化，有利于延长设备寿命，实现有效节能。

（三）在建筑节能方面的智能化改进

除了文章提到的照明系统之外，水循环系统、建筑物通风系统、建筑物内的电梯等，各种系统都可以通过智能化改造来加强其使用效率，通过对使用者的监控来实现合理的资源分配，以达到降低整个建筑物能耗的目的。

信息化和智能化技术的发展推动了我国建筑智能化的进程。但与发达国家还存在的一定的差距。正是因为存在差距，我国的智能化建筑拥有更大的发展空间。因此，应该重视智能技术的应用，注重相关人才的培养，促使智能化技术能够在建筑行业当中发挥其应有的作用，提高建筑物的安全性、舒适性和环保性，以促进我国建筑行业的可持续发展。

第四节　谈建筑智能化之路

说起智能，现在很潮。似乎所有的产品都可以贯以"智能"的称号，至于它智在哪里，是否真智？是否所有能执行命令的机器都是"智能"呢？其实大多数所谓的"智能"笔者不认为是真正意义上的智能。在我们身边，其实自然界中有很多智能的现象，宇宙中的天体效应、地球的重力感应、磁石的磁铁感应等等，这些就是最原始也最具前景的自然界智能现象。从一定意义上来说，笔者认为建筑智能化真的不一定要全部押注在信息化合物联化等设备管理上。

一、传统建筑的智能措施

中国建筑史源远流长，传统建筑中也有很多有价值的智能措施。古代建城造园，从单体选型到群落组合及门窗开向、屋面选色等都直接影响着建筑的主动节能。回到本质，建筑智能化的目的是为人类提供更舒适更健康的人性化生活及生产空间。结合传统四合院，从宏观上来讲，整个院落都依山傍水，其间种植花草树木，不仅增加了空气温度、湿度，还增添了不少乐趣。而单体建设遵循坐北朝南的原则，这种做法争取了更多的日照，而采用深色瓦屋面更能吸收更多的辐射热，顺应主导风向开窗则更增加了室内通风，同时也避开了冬季主导寒流。竣工后再在梁柱间施以红蓝相间的彩绘，不仅增加了文化氛围，更给业主带来了愉悦的心理感受。这些就是建筑用语言在阐述着以人为本、住户至上的原生智能。现今采用诸多科技手段：增加中央空调恒温加湿、暖气、背景音乐，不都是为了更加舒适，舒缓人心吗？但古人利用面向赤道建房采暖，利用万有引力组织雨流，利用地热资源治疗疾病，利用建筑美感净化心灵，是不是无形中的智能呢？这些都是最原始也是最有研究价值和前景的智能化，是建筑智能化利用的初级阶段。

二、现代建筑对智能的发展利用

在欧美，智能化建筑自21世纪以来得到了快速发展，已经独立成了一个独立的行业。而当代都市化、城镇化之路更将人和建筑都塞进了拥挤的城市空间，从上级建设主管机关伊始，具体到各地建设公司包括从业负责人，一致认定在当代建筑设计中，智能化系统在建筑中的应用是大势所趋的。目前最全面的建筑智能基本要求是：应具有完整的控制、管理、维护和通信设施；以便安全管理、环境控制、监视报警。总而言之，智能化建筑应实现设备方面自动化，通信方面高性能化，建筑本身柔性化。由于采用了服务化的管理，智能建筑已经可提供优越的生存条件和较高效的工作效率。空调恒温和标准照度加上绿色清静的人造环境让人感到舒适。总结起来，和普通的传统建筑相比，智能化建筑具备了以下特性。

①具备了良好的接收和反应信息的能力，提高了人们的工效；②提高了建筑本身的安全舒适和便捷性；节能效果良好；③各类设备的有效控制，提高环境舒适性的同时，节能效果也很明显，可达15%～20%左右；一方面可以降低机电设备的成本，另一方面则因为系统使用了高度集成，所以，操作和管理也高度集中，进而人工成本也能降到最低。

而令人遗憾，目前国内95%的建筑都是高效能建筑，这些矗立在"水泥森林"中的大型建筑，每年都在消耗大量的能源。可见，粗放式能源管理的方式已经不能适应低碳社会的发展要求了。

但建筑局限于配套设备方面，不足以实现真正的智能化。笔者认为可以从本身以及配套设备四个方面深化。

①建筑自身结构要符合智能化。譬如小开间设计，可分可并。而楼板跨度设计也必须是开放的大跨度建筑结构，这样就可允许业主迅速方便地改变其使用功能，或者根据需要临时布置平面布局。比如开间设计为活动式的隔断，甚至楼板也能活动，大空间的可以分为小工位的隔间，每个工位处的楼板由简单的小块板拼成，这样，开间和隔墙的布置就可以随着需要灵活变更。②综合布线也应作变跳考虑，就可快速改变插座功能。通信与电力的供应设计也应该有很大的灵活性，这样，通过结构化的综合布线系统，就可以在室内分布多种标准的弱电与强电插座，紧急时只需改变接线，就能改变插座的功能。远程控制电话接口也能变为通信接口。③当下很多中央空调并不符合卫生标准，以至于通风成为传播疾病的媒介之一。国外把这类引起精神萎靡不振，甚至频繁生病的大楼称之为"sick Building Syndrome"大厦。但是智能化最重要的是要确保使用者的安全和健康，因此防火与保安系统等的智能化便成其首选，面对火灾和非法入侵等时可及时发出警报，采取有效措施及时制止蔓延。未来在空调系统中装设能监测出空气有害污染物含量的设备，启动自动消毒，使之成为"安全健康大厦"。

同时，智能对于温度湿度以及照度均应自动调节、控制噪声，从而使人心情舒畅，提高品质。
④通过利用远程通信系统，使办公自动化系统从信息孤立的建筑物变成为广域网的一个接点。远近通信配合，使用户通过身边的电话机，就可以控制给定值的变更以及测试值的确认；运行状态的通知等。从而使接在办公自动化的区域网络上的个人电脑、工作站获得建筑物管理信息，使预约管理系统与空调运行结合起来实现联动。甚至还可使建筑物的管理系统收集到与办公自动化相匹配的财务管理。

三、未来建筑的智能方向

智能化建筑正在随着科学技术的进步而逐渐发展和充实。电脑的数字通信技术和图形显示技术的进步，正在推动着建筑在智能化方面的飞速发展。或许可以推测，在不远的未来，智能化主要依托几方面来逐步实现。

①预测灾害及高效利用建筑面积。建筑基础底面可装设特定仪器设备，感知未来几天或者几百里外的地震信息，主要是和天气预测及地震预测信息发部部门端口相对接，在基础上装设可移动支座，在灾害来临时允许有适当位移而保证建筑不至于倒塌。这类技术在日本已有初步研究。室内设计为可移动式墙体，通过运动感应来调节两个空间的大小以适应因面积过小而影响使用的空间，墙面设计为嵌入式家电及吊顶的可变换使用等。②主动能源节约。弱电感应、节水、节电等传统手段应越来越成熟，建筑从现在的被动式节能逐渐走向主动式节能。比如在水龙头内安装高灵敏度的传感器，在电价分时收费的地区安装特斯拉电池组一类的自动低价时段蓄能设施，高度整合高效能的温控，资源管理系统；建筑材料根据季节变换时自动调节导热及色差及太阳能和风能的转换技术应用到民用建筑中等等。③建筑的自我学习。建筑内的设备应有记忆功能，记录住户的生活习惯数据。通过记忆，调整资源分配或信道开关，以减少等待时间，提升居住体验等。建筑还可通过人物活动习惯顺序先后及生理特征识别，发现是盗窃等事故时，快速通过互联信息告知主人或物管公司等。④主动减低噪音及建筑美感带来的心情愉悦。城市噪音一直是市民最烦恼的问题，是使人患上神经来疾病的源头之一。是否能像蝙蝠的超声波那样，把噪音通过吸收及反射，从而创造一个宁静祥和的居住空间值得探讨。建筑美虽然看起来和智能化毫不相干，但人类是情感动物，外在视觉的感触是影响内在情绪的主要原因，有的场面会给人带来震撼，有的场面会给人带来哀伤，有的色彩给人兴奋，也有的色彩给人和谐。

人类文明和科技的与时俱进，建筑智能化在未来会大有可观而且是必然趋势。在自然极端环境越来越频发的未来，洪水、火灾难不在威胁到人类，地震、风雪不在摧残我们的家园。取而代之的是，更灵敏的传感器、更大范围的动作端、更高效的资源调控机制，更多的顺应自然、适应自然。相信建筑会真正的走向智能化，人与建筑在不远的未来将与人类和谐共生。

第五节　建筑智能化与建筑节能

　　社会快速发展期间，对于建筑的需求也在不断上升。智能技术的快速发展，出现了一大批智能建筑。国家及地区政府部门对于智能建筑的关注度不断提升，并且联合实际发展需求，制定满足建筑发展的政策法规。智能建筑发展期间，也存在较多问题，因此必须提出相应措施解决现存问题，希望能够对相关人员起到参考性价值。

　　智能建筑是随着信息技术与科技技术发展，衍生的新型技术。相比于传统建筑来说，智能建筑具备多种优势特点。按照当前学者的研究报道，建筑节能技术的应用效果已经成为热点研究话题，并且提出了相应的技术要求，希望能够全面应用建筑节能技术，全面满足人们对于现代化建筑的需求。

一、建筑智能化与建筑节能的现状分析

　　随着我国建筑行业的快速发展，城市化发展过程中，相应突出了建筑行业的发展地位。然而由于能源消耗问题日益严峻，导致建筑工程能源消耗问题也比较严重。在建筑行业发展期间，能源节约已经成为重要课题。按照相关学者的统计数据能够看出，建筑行业的人员消耗占据社会总消耗量的30%，并且没有充分发挥出人员的实际作用，从而导致能源资源浪费情况比较严重，导致该种现象的原因主要包括一些方面：第一，建筑智能化发展过程中，工程人员的思想理念比较落后，所采用的施工技术也不先进，在具体施工建设期间也没有做好监督与管理工作，从而导致能源资源浪费问题日益严重；第二，通过分析建筑行业发展现状能够看出，多数建筑人员缺乏节能意识，在施工建设期间，会由于追赶施工工期，而不注重绿色节能问题，从而导致资源浪费率提升。

二、建筑智能化与建筑节能的特点分析

　　通过分析和研究建筑智能技术与建筑节能能够看出，其所具备的特点主要包括以下方面：第一，高度结合的系统。智能化建筑中，可以采用计算机网络技术，优化集合不同子系统的功能信息，将其纳入到统一关联系统中，以此满足人们对于智能建筑的需求，并且展现出传统建筑与智能建筑之间的区别；第二，节能减排效应。相比于传统建筑来说，智能建筑主要通过自然风和自然光，对建筑室内光线和温度进行调节，以此满足人们对于建筑光线与温度的需求，实现节能减排效果；第三，降低维修系统成本。通过相关学者的研究能够看出，建筑在运营维护阶段，所需要花费的成本明显高于建筑施工阶段。对于智能建筑来说，智能技术多应用自然风与太阳光实现暖通效果，有助于降低建设成本，且应用智能建筑技术后，还能够降低环境污染程度。

三、智能化技术在建筑节能中的应用

（一）建筑自动化控制应用

当前，电气工程施工建设已经成为建筑工程的重要环节。传统建筑施工方案中，比较关注工程主体施工，忽略了电气工程施工的重要性。自动化控制涉及较多控制内容，其中以神经网络控制为主。该控制方式能够多次反复学习运算，通过子系统，可以对转子速度与其他参数进行调节。神经网络控制也应用到信号处理中，部分控制设备可以代替PID控制器，实现相互协作方式。

（二）在建筑电气故障中的应用

当前所应用的智能化技术，能够有效作用于突发情况处理中。不管是运行流程，还是操作方式，都可以为电气设备提供参考价值，以此找寻出最佳处理措施。在电网系统现代化发展过程中，对于电气工程故障诊断的要求也不断提升，如果不能在短时间内寻找问题根源，将会导致后续应用存在较多问题。当前，人工智能已经被作为故障诊断方法，并且联合ANN、ES技术，按照长期经验总结，可以将理论知识更好地应用到实践中。

（三）电气优化设计中的应用

建筑电气自动化与管理应用实践中，涉及设计工序，整个设计过程的复杂性比较高。设计人员应当具备扎实的电气知识和磁力知识，在具体应用期间，通过知识技能可以不断提升运行效益。基于智能化模式，设计建筑电气工程时，应当结合专业理论知识和积累经验，对设计内容和方法进行优化。在智能化技术支持下，通过计算机辅助软件能够明显缩短设计时间，确保设计方案的科学性和合理性。

（四）火灾报警系统

现阶段，大部分智能建筑的楼层比较高，且依赖于电子设备运行。电子设备运行期间会产生热源，再加上不同设备的信号干扰问题，极易引发火灾，安全隐患比较大。鉴于此。在施工建设期间，应当安装火灾报警系统，并且联合灭火系统、火灾监测系统、自动报警系统，建立一体化安防体系。同时，工程人员应当严格控制工程质量，能够在火灾隐患发生时及时做出相关安全警示，以此降低故障安全隐患的影响程度。

（五）智能照明系统

照明系统控制具备自动化特点，遥控开关能够对照明灯具的亮度进行自动调节。在大空间顶部安装接收器，利用遥控器能够对照明系统进行控制。照明系统的控制设备还包含开关灯同步门锁功能和红外传感器功能。多数建筑照明系统都采用人工照明方式，并且包含建筑自动喷淋系统、回/送风口、烟雾探测器等。基于电子控制的照明系统已经被广泛应用到智能建筑中，且开始应用非中心化照明系统实现绿色环保要求。

（六）能耗计量

在建筑智能化发展过程中，研发出建筑能耗计量系统，能够对建筑内安装分类与分项能耗进行计量，采集建筑能耗数据，在线监测建筑能耗，并且实现实时动态分析。分类能耗是按照建筑能源种类所划分的能耗数据，包括电、气、水数据等，所应用的分类能耗计量装置为热量表、燃气表、水表以及电表等分项能耗是按照不同能源的用途划分，采集和整理能耗数据。包括空调能耗、照明能耗、动力能耗以及特殊能耗等。

四、建筑智能化技术与建筑节能的发展措施

（一）提升资金投入力度

建筑智能化发展期间，企业会受到资金限制影响，影响建筑智能化技术和建筑节能的发展。因此对于智能建筑节能技术发展实际，国家和政府应当制定满足建筑行业发展的制度规范，提供合理有效的发展环境。建筑施工企业应当在现代发展趋势下，响应国家号召，注重智能化技术与节能技术的投入，并且注重新技术的研发。此外，在施工建设期间，还应当寻找科学的管理措施，在具体施工中应用智能化技术，不断提升企业的市场竞争实力，有助于促进企业可持续发展。

（二）注重节能环保理念宣传

对于施工企业来说，既要提升建筑智能技术与节能技术的资金投入力度，还应当宣传节能意识，确保所有工程人员都能够具备节能思想，将其落实到具体施工中。只有确保员工内心具备节能环保意识，才可以具体到实际建设行为中。

（三）推广应用新能源

各行业领域在发展期间，都会消耗能源和资源。由于建筑行业是能源消耗比较大的行业，且可以应用的能源比较单一。因此对于建筑行业来说，应当满足时代发展要求，科学合理的应用新能源。这样既可以降低能源与资源消耗，还能够完成项目施工对于节能技术的需求。北方地区供暖季节中，可以降低煤炭资源的消耗量，多应用地热能源，吸收土壤能源，将其转化为热能。这样即可以降低能源消耗，还不会对环境造成污染影响。地热能源是可再生资源，能够多次反复应用。

（四）推广应用环保材料

相比于传统建筑来说，智能建筑在施工建设期间能够减少建筑材料的使用量，降低能源与资源消耗。由于能源问题已经成为社会发展的重要问题，施工企业必须将现代节能技术应用到具体施工中，通过应用新型环保型材料，可以将传统施工技术逐渐转化为智能技术，这样可以促进建筑智能化发展。比如在具体施工时间，可以应用外墙保温苯板，其不仅具备良好的抗压性能和耐冲击性能，并且保温效果良好，因此被广泛应用到智能建筑施工过程中。

综上所述，此次研究通过分析建筑智能化与建筑节能，针对技术能力问题、设备使用问题以及管理水平问题，提出相应的解决措施，包括提升资金投入力度、注重节能环保理念宣传、推广应用新能源以及推广应用环保材料，这样能够提升建筑智能化与节能化水平，有助于促进整个建筑行业的长久稳定发展。

第六节　建筑智能化系统的结构和集成

随着生产力的快速发展，我国国民经济发展速度逐渐加快，建筑行业朝着更加智能化和科技化的方向发展。21世纪，智能化的建筑系统是现代信息社会发展的必然趋势。建筑智能化不仅可以提高社会生产力，而且可以改变人们的生活方式。因此，智能化的建筑对传统建筑的发展提出了更高的要求。因此，在此基础上分析我国智能化建筑的结构和集成系统，希望可以促进我国现代建筑行业的良好发展。

随着信息时代的全面到来，现代信息技术逐渐融入建筑当中，智能建筑是未来发展的必然趋势。在新时代的经济发展中，社会整体上朝着更加信息化、智能化的方向发展迈进，其中，智能化的主旨是为了向人类提供更人性化的服务，最大限度地利用社会上的资源。建筑智能化的系统是通过一种集成的方式，将各个子系统在总系统的支配下统一协调地开展工作，在同一个目标中，又把各个子系统利用一定的方式和技术有机地联系起来。在此过程中，信息媒介发挥着重要的作用，整个系统的集成和其他工作的开展都是通过计算机网络进行的。我国科学技术的进步，对建设智能化的系统给予了巨大的支持。智能化建筑的出现，在很大程度上改变了以往的居住方式，为人类带来新的体验和感受，让居民的生活更舒适。

一、建筑智能化系统的结构

（一）办公自动化系统

办公自动化管理系统是我国建筑智能化系统的重要组成部分，主要包括卫星设备、有线电视设备、预备预警装置和广播系统等，属于建筑内外联系的智能系统。办公自动化系统的核心目的是为了让企业内部的工作人员方便沟通和交流，有效地进行信息共享，高效率地进行办公。办公系统自动化中，重点包括三个形式：管理型、决策型和办公事物型。不同的服务系统，满足在企业中的不同需求，提供人性化的服务，更能彰显智能化建筑的魅力。

（二）楼宇自动化系统

在智能化建筑系统中，这项系统中的主要功能是自动监控系统。目前，在各个建筑行业中基本上都设有监控系统，主要是为了保障居住人员的人身安全以及财务安全，监控的普及是智能化建筑中的重要部分，一是可以实现对较大楼房内各类机电设备的管理和控制。二是通过对外界环境的变化的感知，可以实现自动对设备的调节，使其在运行的过程中具有较好的工作状态。

（三）消防自动化系统

消防自动化系统可以及时预警建筑中发生的火灾事故，是在防火灾的基础原理上建立起来的。实践证明，消防自动化系统可以及时发现烟雾和火灾等实施自动化报警处置。为了防止火灾等其他危害的发生，在建筑建设的过程中会设有警报系统，进一步提高建筑的安全性。另外，在安全防范系统中主要含有入侵警报系统、视频监控、出入口监控、地下车库管理等，其设置的主要的目的是减少刑事犯罪等的发生。

（四）安保自动化系统

在这个系统中主要包括：一是防盗警报系统。在建筑内设置探测器系统，可以在发生入侵时发出警报声，并和照明同步进行；二是可燃气体警报系统，可以实现对有害气体，如煤气等漏气现象的检测，以及对漏水、漏电的检测；三是电子巡逻报警系统，主要使用的是红外线入侵设备和地音探测设备等；四是门禁控制系统，最新的门禁系统主要有刷卡进门、手动按钮开门等。

二、建筑智能化系统集成

（一）系统集成的内容

在相关规定中清晰地指出，智能化建筑系统集成的定义是指在智能化的建筑中，把具有不同功能的各个子系统通过一定的技术和手段，在物理上、逻辑上、功能上链接起来，从而可以实现资源和信息的共享。在智能化建筑系统集成中，是用最具有优化意义的统筹设计给用户带来更人性化的服务和使用环境。为用户提供更完整的智能化服务系统，满足广大用户的各项需求，最大限度地提高系统集成后的各项功能的附加值，为用户带来不一样的科技体验。

（二）系统集成的主要特点

（1）整体性和多样性。智能化的建筑中系统集成包括智能化系统中的各个子系统部分：办公智能化、通信自动化、楼房控制自动化、消防警报、监控、通信设备等系统。系统的集成不是这些部分的简单堆积和累加，是需要技术的运用科学合理地进行集成和累加，因此，要重视其技术的运用。智能化建筑系统集成中的整体性主要体现在对整个系统中子系统间的信息传递、共享和管理层面的支持，从而使各个子系统可以满足智能化建筑中的各项要求。

（2）安全可靠性和管理智能化。智能化建筑存在的根本目的是为了维护建筑的安全与稳定。智能建筑要想稳定运行应当建立在系统集成的基础上，促进共享信息的安全性。同时，建筑系统集成具备智能化管理的特点，其实，建筑系统集成就是一种网络的智能化。在实际的运行中，智能化网络同样是建立在工业的标准之上的智能化的集成系统，可以在一定程度上保障资源在整个智能系统中的共享，从而加强对现代建筑的管理。

（3）适应性和扩展性。建筑智能化的系统中需要不断地更新和升级，以此来保障建筑系统的稳定运营。因此，系统的集成必须要具备较强的扩展能力，来满足系统的升级和更新。

这主要是指在对系统的端部的数量、网络宽带和类型、延时等要求增强的同时，还需要在现有的系统设置中增加新的设置，并且革新技术水平，改善硬件的环境。这个环节中要注意在不改变用户软件的基础上与原设备进行链接。

三、建筑智能化系统集成的实现

（一）设备集成

在建筑智能化系统中，设备集成主要是在根据用户要求的基础上，对所使用的各种各样的产品进行具体的使用。在此所使用的集成方法，重点使用在各个分支系统构建的过程汇总。比如，在组建安保系统时，可以挑选一些厂家，分别购买一些探测器、摄像头、主机、监视显示屏等设备，再组装到一起。

（二）技术集成

技术集成主要是指在系统集成的过程中，使用当下最先进的信息技术以及手段，达到系统集成的动能要求，同时，也可以满足建筑行业的要求。一些厂家为了保证在市场中的地位并扩大市场占有额度，需要对所使用的技术进行创新，对设备进行更新换代。但是，大部分的厂商只是在局部进行创新，更多的是保护他们所使用的已有技术。一方面，这些厂商希望在市场中占据领先的位置；另一方面为了迎合用户的需要，重视对技术的升级和扩展。

（三）功能集成

功能集成是以用户实际应用和发展需求为出发点，站在功能的层面上进行科学合理的调配，使其可以有效发挥其功能价值和作用，使智能化建筑系统的功能发挥到最大。功能集成不是要突出使用了多少先进的技术和设置，重点是要彰显在整个系统运作中，是以何种状态和功能展开的运行。因此，在功能集成上，要考虑得更加全面，确保在达到功能的标准下，实现低造价，追求对用户投资的保护。

综上所述，在新时代和经济全球化的背景下，随着我国经济的快速发展，建筑规模逐渐扩大，人们愈加重视居住的环境和质量。智能化建筑在全世界的国家中得到了较快地推动和建设，尤其是一些西方发达国家，在建筑行业中更加重视其智能化的发展。对于建筑智能化系统需要的技术，相关人员必须要有深刻的理解，充分掌握其核心的技术，促进建筑智能化系统的快速发展，不断提高人们居住的舒适性、安全性。

第七节 建筑智能化弱电的系统管理

在科技越来越发达的今天,智能化高科技频出新高,甚至慢慢地融入了建筑行业当中。建筑智能化已经逐渐地被人们所了解与认知,建筑行业的标准已经不再是当初那样,依靠机械的操作与简单人力物力的投入就能达到的了,建筑智能化正在逐步取代传统的建筑手段。在建筑手段更替的过程中,建筑智能化的弱电施工管理已然成为典型代表之一,弱电施工管理的发展,有极大的可能会影响到未来建筑业的发展方向。

一、建筑智能化弱电施工管理的目标分析

关于建筑电气施工质量的控制,对于建筑的单位而言,起着最关键决定性作用的就是弱电施工管理的目标设定。目标的设定对于任何事件的完成都是极其重要的,万事开头难。因此,在建筑电气工程中,工作人员应当将建筑智能化弱电有效应用到建筑当中,并在此基础上,通过分析电气电力的工作方式,促进电力电气,以及建筑行业的整体水平的不断提升,完善。

二、建筑智能化弱电施工设计

(一)注重设计结构

硬性施工设计的一大重要因素就结构设计。通常来说,由于技术、经济、时间等因素,会影响到智能化系统工程,所以按照严格的要求来说,在施工过程中,工作人员被要求充分考虑到各种因素对施工效果的影响,对于各个方面的影响因素要进行合理分配,并且综合考虑其使用功能、管理工作和经营要求,从而有效提升建筑设计系统集成程度。

(二)先进技术的应用

先进技术的有效应用,能够明显的提高建筑智能化弱电施工的结果,所以说在建筑智能工程设计过程中,应该去选择对先进的智能化技术、产业技术、IT技术能够熟练掌握与运用的人才,在此基础上才能持续提升施工设计的水平。除此之外,由于只能一次性成功的特性,智能建筑施工设计工程的场地不可以多次变动,校正更新;此外,由于受工程周期和进度的限制,建筑智能化弱电施工约束则更为明显。为了避免这一系列问题,最好的办法就是选择高端的技术设备,辅助施工的顺利进行。

(三)设备的合理选择

任何工作的顺利进行,都离不开一个良好的应用设备,弱电施工也不例外。众所周知,任何设备都有着其特性,并且相同的设备在不同的施工中也会起到不同的作用,因此设备的选择就非常具有技巧性与原则性。对设备的选择,很大程度上会影响到以后的施工效果,因此对于设备的选择要极其认真,以保证后续的施工效率与质量。

（四）弱电线路的合理设计

为了能够有效地提升建筑智能化弱电施工设计的可靠性，当前需要做的就是对弱电线路进行更加合理的设计。环形总线接法是较为可靠的连接方式之一，可以做到适当增加回路是这一方法应用的主要效果。通过这一效果，则能对于单回路设备接入数量进行良好的控制。产品质量和现场因素对于弱电施工过程具有较大影响，这是工作人员在施工规程中应当注意到的问题。除此之外，在弱电线路的设计过程中，不仅要对各个线路进行清楚地掌控，还要对于实际的线路铺设有较为深刻的理解，这就要求工作人员的实际与理论完美的应用到一起，不能纸上谈兵。

（五）技术性要求

建筑智能化已呈现出风起云涌的姿态，它的发展已取得了很多成果，随着智能化建筑需求的提高，智能化建筑必须提高技术水平，运用建筑智能化高新技术，探寻人生存、生产和环境间的可持续发展模式，打造更好的产品。当前智能化建筑利用的技术是建筑技术、计算机技术、网络通信技术和自动化技术的结合。现在的信息网络技术、控制网络技术、智能卡技术、可视化技术、家庭智能化技术、无线局域网技术、数据卫星通信技术、双向电视传输技术等，都将会被更加深入广泛地发展应用。但是，智能化技术只是手段，可持续发展技术才是智能建筑技术发展的长远方向。所以，除了继续利用上述现有智能化高技术，一些新兴的环保生态学、生物工程学、生物电子学、生物气候学、新材料学等技术，也在渗透到建筑智能化技术领域中，保证可持续发展智能建筑技术的运用。

三、建筑智能化弱电施工管理的重难点分析

（一）弱电综合布线系统管理

做好弱电综合布线系统，就是做好建筑智能化弱电施工的一大重要环节。模块化结构在智能建筑工程中，可以说是应用的相当常见。模拟输入模块(AI)、数字输入模块(DI)、高保安输入模块(LSSI)、模拟输出模块(AO)、数字输出模块(DO)，都是建筑智能化弱电施工管理应用较多的模块。而且在施工过程中，要对各个模块的工作程序有良好的了解并且清楚各个模块之间的配合工作。所以在如此的基础上，必须做到通过各个模块反映给总的控制系统的数据，对整个工程进行宏观的调控，从而增加工程的效率与线路布局的整体性。

（二）弱电安全施工管理

警系统常采用的结构设计，是报警系统总线控制法。这些报警系统的安装与设计，通常会在消防中心或者是防控中心，以增加安全程度，一旦有危险发生，消防中心可以及时清楚险情，以便救援工作的展开。一旦建筑物中有危险发生，计算机的显示屏便可以清楚地显示，与此同时发出报警的声音与特殊光亮。消防人员可以通过本系统清楚地知道危险发生地，以及当时的情况等等信息，为救援工作提供了极大便利。同时电子地图也在本系统中得到应用，

可以根据此进行操作，利用管理软件发出警报。这样一来，即便出现重大险情，工作人员也可以通过本系统提供的特殊便利，通过各种有效信息在第一时间对险情做出控制行动，出动人员针对险情的主要原因进行排除与清理，极大地减少了了救援成本与建筑内的资源损失。

建筑智能化弱电施工，是智能化建筑施工的代表者，也是电气施工的一大创新。智能化，是未来建筑行业发展的一个大趋势；而弱电施工，也正是电气发展的一个大好趋势。发展好建筑智能化弱电施工，将会极大程度的提高我国建筑以及电气行业的发展。未来我国的电气行业定能够在探索中成长，在成长中再创新高。

第八节 建筑智能化的自动控制研究

随着社会经济的不断发展，我国建筑业取得了巨大的进步，智能建筑逐渐融入建筑业，在建筑行业占据了主导地位。在智能的过程中，主要是利用电气自动化技术，进行实地探索，掌握底部的把握和实际操作等方面的作用，为智能系统提供可靠的有效运行和研究。

一、建筑智能化与系统

（一）智能建筑

为了适应现代信息社会对建筑、环境和高效管理要求的作用，特别是在建筑上应具有信息交流、办公自动化、建筑设备自动控制和管理要求等一系列功能，并以传统建筑为基础进行开发。目前智能建筑的定义很多，更加统一按照国家标准：包括楼宇自动化设备 BA、OA 办公自动化及通信网络系统，集结构、优化组合系统、服务和管理以及它们之间，提供一个安全、高效、舒适、便利的建筑环境。

（二）建筑智能化系统

电子设备配置系统的一个简单功能之前，它是对建筑设备和智能加工的全面自动监控，建筑材料优化加工和其他功能，完成建筑工程的建设工程，以满足安全、舒适、高效的居住环境的居住环境。智能建筑具有节能和环保价值的特点，同时也充分考虑了设计师、业主和用户对现代、时尚、身份、地位、形象、品位、经济，以及对每个要求的重视，满足了每个要求和尊重，满足了质量和安全的投资，节约能源，节省劳动力，控制了多范围的电力设施的控制系统。

（三）建筑智能化系统的主要特点

一是高效且稳定，通过反馈控制系统在每个通信和共享通信内容，使管理系统更加稳定、快速，智能系统只有通过与手机应用的连接无线网络系统可以实现自动化的控制基础上，非常方便、高效。二是及时有效，智能系统的及时性和有效性不仅体现在系统提供的信息和反馈功能上，还体现在整个智能系统对应急响应的响应上。然后智能系统满足人们对工作效率的办公环境和生活环境舒适的追求；实现对能源资源节约的新建筑的要求。

（四）建筑智能化

被视为人的智能 (HI)、人工智能 (AI) 与集成智能 (II) 三者之和，却又是有着一加一加一大于三的效果。普通建筑控制是建立在确定的基础模型上的，其结构和参数值固定，变化单一，而智能化控制模型的结构和参数具有很大的波动性。例如，火灾报警系统，智能建筑在任意点的火，或危险的信号，它需要报警系统可以及时发出报警信号和反馈到中央处理系统，可以自动喷洒灭火行为，任何危险做出相应的被动和主动控制通过控制系统。主动控制往往起着预防作用，而被动控制却往往使人措手不及，尤其是对智能建筑网络 (以太网) 来说，是及时控制相对快速响应速度的需要。智能系统可以通过主动控制与被动控制相结合来解决这个问题。当然，实现智能建筑自动控制目标的过程不能与人控制或人机交互人格化指令分开。

二、工程应用

住宅小区智能化管理的案例研究。智能建筑系统由 10 个弱电子系统组成，即中央计算机与网络、办公自动化设备、楼宇自动化、安全管理、智能卡、火警、内部通信、音频、视频和天线、停车场管理和集成布线。根据系统结构，智能建筑由智能建筑集成管理系统，通过集成配线系统构建管理自动化 (BA)、通信自动化 (CA) 和办公自动化 (OA) 三个要素连接到管理和控制 3A 智能建筑。智能建筑环境中的智能功能由 SIC、PDS 和 3A 系统等五个部分组成。智能建筑集成计算机信息交流和其他方面的最先进的技术使建筑的电力、照明、防灾、防盗、运输设备等实现协调，结合安全管理自动化 (SAS) 和消防自动化 (FAS) 包括五个主要功能，和 SCS 和机制的结构化布线系统综合 SNS 网络系统、智能大厦综合信息管理自动化系统 MAS 实现智能建筑。

其中，监测报警系统是该基础建设的重要组成部分。系统采用数字技术，通过低压电网周边报警，结合监控平台联动集中器区，通过局域网 (以太网) 实现实时通信和应急处理。监控中心是住宅物业安全部门的安全管理部门，系统中心可以对 24 小时突发事件及时的报警和主动反馈给保安人员。

住宅建筑监控警报系统主要设备包括视频监控设备、音响设备、视频投影仪、远程控制、供电电路、小型进出口通道、建筑物和家庭入口和走廊都配有电子监控和访问控制系统。住宅安全、物业管理人员和业主可以看到客人的头像，三方可通过远程控制访问系统访问客人。这种及时的通信系统也能将居民和财产安全紧密联系起来，在遇到危险时及时报警，以确保居民的生命财产安全。此外，它使用智能控制面板也是世界知名品牌，性能稳定，功能强大，且整个智能系统相辅相成，非常协调。

在建设行业国际化的过程中，不断提高国家市场的竞争力。在普通的传统建筑工程特别是考虑到实际情况和环境条件的生活需要使用时，是一个重要的建筑设计和建筑设施改造和安装过程，但也充分考虑未来智能转换改造做好预留工作，使以后在改造过程中没有大的破坏和修复，实现设计经济性以及伸缩性。

第九节　建筑智能化的设计与实现

经过几十年的发展，智能建筑的概念已经深入人心，智能化系统在建筑体系内生根发芽，已发展为一门独立学科。综合布线系统相当于建筑内部的信息高速网络，将建筑内部的各智能化子系统整合连接到大楼的网络管理平台中。国家大力发展建设的智慧城市项目，使建筑的安防系统、消防系统、立面照明系统均与城市控制中心无缝对接。

系统平台构架：在建筑智能化系统中，各子系统平台化运行，各子系统之间互不干扰又协作共存。

子应用系统：在建筑智能化系统中，需对各个子系统的数据流进行访问及备份。

三方系统：建筑智能化系统不但要做到能兼容各个子系统，还需要保障相互之间的通信互联，实现数据共享的同时，还需通过防火墙确保用户的信息安全。

一、智能化系统的总框架

建筑智能化包括办公自动化系统、通信自动化系统、楼宇自动化系统三大子系统（简称为3A系统）组成。各子系统由系统集成中心通过建筑内部综合布线系统实现连接及控制。

（1）系统集成中心，通过系统集成中心使建筑内部的智能化子系统的数据信息汇集到一起，并对各子系统的数据进行及时处理，实现统一管理及控制的功能。

（2）综合布线系统，综合布线系统是集成了数据通信、语音通信的开放式的布线系统，它将建筑物内部的数据传输系统、数据处理系统以及语音传输系统有效地联系起来，并通过相应的连接设备及通信协议实现与外部网络系统的连接。综合布线系统具有实用性、可扩充性、开放性、先进性、统一性等特点。

（3）办公自动化系统，办公自动化系统主要包括：人员考勤系统、动态信息发布系统、日常办公流程管理、会议信息、办公内部通信系统等。

（4）楼宇自动化系统，楼宇自动化系统是建筑智能化的核心，通过它实现对建筑内各种电气设施进行有效的管理及控制，楼宇自动化系统包括：现场检测及执行元件、直接数字控制器、中央控制系统。

（5）通信自动化系统，主要负责处理建筑物内部的语音、文字、图像信息的传输及其他数据的传递。

二、安全防范系统

安全防范系统设置的意义在于保障大楼及大楼的人员生命、财产安全。保障大楼人员的生命、财产和工作生活不受侵犯，维护民众常规的生活、生产秩序，维持一个稳定、安全的工作环境。

安全防范系统包括视频监控系统、入侵报警系统、巡更系统、门禁系统、对讲系统，各系统的配合设置，实现对大楼动态多手段、全方位的监控。

视频监控的系统类别主要有两种，全数字网络监控系统及模拟数字结合监控系统。模式监控系统技术成熟，造价较低，但系统结构复杂，清晰度低、线缆较多，信号传输距离较短，主要由模拟摄像机、视频传输线、数字硬盘摄像机及视频矩阵器组成。全数字网络监控系统灵活性高、结构简单、布线少，并具有较高的扩展性，据此，采用全数字网络监控系统。采用4芯单模光缆作为视频监控连接监控中心及各设备间的垂直干线。

安全防范系统设计要点

在车库、室外广场、裙房、门厅、公共通道、重要机房、电梯前室、电梯轿厢等重点部位设置高清网络摄像机。网络摄像机数据传输线采用六类非屏蔽8芯双绞线，若线路过长（据弱电设备间超过九十米），则用单模光纤作为数据传输线缆，光纤两端设置光电转换器。

室外采用1080P高清数字摄像机，室内采用720P高清网络数字摄像机，选择带自适应红外补光的摄像机产品增强视频监控效果。摄像机采用UPS电源集中供电，在视频监控中心设置UPS集中电源，由此提供220/380V电源到设备机房、分监控室、弱电设备间的UPS电源配配电箱，再通过电源模块为终端摄像头设备提供稳定电源。视频监控中心电源为一级负荷，由低压配电房提供两路可靠380V低压线路供电。

三、综合布线系统

建筑综合布线是建筑的信息传输通道。系统由综合布线机房、综合布线机柜、水平及竖向布线通道、传输介质、连接器、配线器、电源适配器、终端插头等组成。

水平及竖向的综合布线管网建设，是弱电智能化建设的基础，因此，设计一套科学合理的综合布线系统，满足所有弱电线缆的敷设（如：无线网、监控、广播、有线电视等），并能够考虑今后的发展，使其在相当长一段时间内弱电项目建设不再大量重复建设，满足大楼的使用和运维要求，同时，还需要考虑好与运营商的对接，设置通信对接入孔，以便于运营商的缆线接入。

综合布线系统是整栋建筑内部网络系统的神经系统，智能化建筑的关键部分和基础设施之一，是整个建筑各智能化系统的通用平台，是向所有具有通信要求的设备提供通信线路的最底层的系统，布线系统应具有先进性、灵活性、实用性和可扩充能力。

为了满足建筑内通信系统及弱电系统的使用需求，综合布线系统为这些系统提供通信路由及传输介质平台，满足建筑内的通信互联和信号传输的需求，通信系统需由运营商引入语音光、电缆；电视光缆、数据网络光缆等不同线缆，这些光、电缆均通过建筑内通信管网进入各楼层的信息中心汇集点，建筑内的语音光电缆、电视光缆、数据网络光缆等，合用本通信管网的管路及人、手孔井。建筑物内外的数据、语音、安防、广播等系统也是通过室外通信管网与室内水平、垂直桥架的有机结合，来完成整个系统的线路敷设。在各功能房设置综合布线系统的语音及数据点。

设置网络中心机房，按楼栋或楼层设置配线架。

语音及数据采用六类非屏蔽综合布线系统。网络主干线采用万兆单模光纤，楼内主干采用8芯千兆多模光缆，语音干线选择三类大对数电缆，出线插座采用非屏蔽六类模块。

无线网络：建设的无线宽带网（接入认证方式）覆盖整栋建筑公共场所，包括把门厅、办公区域、避难层、室内公共过道、报告厅室等有线网络使用需求但无法延伸到的场所或者区域，各无线点之间能实现无线漫游。POE交换机就近安装于设备间机柜，采用光纤与核心交换机连接。

本节介绍了超高层建筑智能化系统的主要子系统，阐述在智能化技术高速发展的今天，如何利用现有成熟的智能化技术，提升超高层建筑运行的效率。国家大力发展智慧城市的今天，万物互联的物联网也慢慢完善，超高层的智能化在未来是否有足够的通道及接口接入智慧城市大系统，是在设计阶段必须考虑的因素。

第四章 建筑智能化技术

第一节 建筑智能化技术要点

近年来,在信息持续发展的影响下,互联网技术逐渐普及到了各个领域,并且得到了较好的推广运用,为人们的日常生活工作带来了极大的转变。在信息技术和互联网的快速发展影响下,智能时代随之到来,这使得建筑设计也逐渐与智能化结合起来。为了能够更好地提升建筑智能化水平,应当如何进行设计成为了探讨的重点。

一、智能化背景下建筑设计概述

在社会快速发展的过程中,人们对建筑的要求已经不再仅仅是局限于居住功能,逐渐要求其能够具备各种智能化特色,满足人们的日常需求,这就使得建筑逐渐朝着智能化方向快速发展。就智能化建筑的发展来说,是当前建筑行业实现可持续发展的重要举措,同时也是人们将智能化、科技化与建筑结合的一个必然趋势。与普通的建筑相比,智能化建筑设计相对更为多变、繁杂,其对可持续发展有着较高的要求,此外,在进行智能化建筑设计的过程中,同时还要求其能够与生态资源、周围环境充分结合起来,利用各种丰富的多元化技术实现对建筑资源的有效节约,以此实现对普通建设设计中的资源耗损问题进行控制。概括来说,智能化建筑更为强调长期的规划,与生态、环境的结合,是社会持续稳定发展、新时代非常重要的基础条件。

二、建筑智能化技术要点

(一)出入口控制系统中的智能化设计

在对建筑进行设计的过程中,出入口是非常重要的基础设施,为此,针对出入口的设计中配置智能化系统非常有必要,其能够更好地实现对出入人员的控制和记录。在对建筑智能化设计中,出入口控制系统主要是运用控制器、读卡器、出门按钮等设施设备,以及管理计算机、各个管理系统软件组成。借助出入口智能控制系统,不仅能够实现对出入人员的识别,同时也能够对出入人员的个人信息进行录入,实现对相关信息的检索,这就能够实现对不明身份人员的迅速确定,快速明确其存在的危害。这就能够使得正片区域的安全水平得到迅速提升,从而进行更为简单快捷的操作,使得整个建筑的安全系数得以提升。

(二)在消防系统中的智能化设计

在建筑设计期间,消防系统也是非常重要的环节,可以说整个建筑人身安全保护的重要防线。消防系统若本身功能缺陷或者不健全等,就可能使得其整个生命财产遭受到较为严重的损失。在进行建筑智能化设计期间,消防系统也因此逐渐实现智能化发展。为此,在智能化建筑设计中,消防系统的合理设计至关重要。针对智能化消防系统,可为其配置相应的火灾报警设计,这就使得设备能够迅速连接,迅速完成对火警信号的接纳、显示以及输出,同时该系统还可结合不同的火情进行消防设备的调用。一方面,将智能设计与消防系统结合起来,可配置相应的自动喷水装置、烟雾感应装置等,其能够较好地实现对火灾蔓延以及发生的有效控制;另一方面,借助互联网能够迅速完成对火情的判断,并及时实时监控进行火灾救援的指挥,以最快的速度完成对火灾的处理。

(三)在照明系统中的智能化设计

在人们生活水平持续提升的影响下,人们对环境、建筑的要求也因此随之升高,电能的消耗也因此不断增加,节能也逐渐成了建筑设计的重要考虑内容,尤其是绝大部分情况下,建筑中的照明系统都不得同时开启,为此,配置智能化的照明系统,能够结合区域的光照情况给予照明供应。在智能建筑系统中,照明系统是非常重要的一部分,不仅直接关系到居住人们的日常需求,同时也关系着建筑物的便捷性。在智能照明系统中,主要借助电磁调压技术和电子感应技术来实现照明控制,前者重点是针对电路供电情况进行动态监控,结合监控结果给予相应的照明处理,后者则是对室内人员的活动情况进行检测,以便针对区域做出相应的优化处理。借助智能化照明系统,能够更好地实现对设备使用寿命的延长,同时也能够实现对能源的有效节省。

(四)在节能方面的智能化设计

在能源消耗较为严重的影响下,节约资源保护环境逐渐成了社会的热点话题,同时也成了国家关注的重点话题,这使得能源利用以及节能成了建筑设计的一大重要特色。在现代化建设设计的过程中,智能化主要是结合当前的技术、理念、材料等,以适当的方式来控制整个建筑的能源消耗率,和增强循环利用率,从而达到绿色环保,协调发展的效果。在智能化建筑设计中,借助环保材料以及智能化功能,能够为人们提供一个更为舒适的人居环境,同时也能够使得整个建筑物的外观更为优雅耐看。与此同时,在智能化设计中,可配置一个水循环系统,其能够结合建筑不同的用水需求进行水资源等级的划分和循环利用,以此实现对水资源的浪费,使得绿色环保的目的得以提升。

总而言之,在社会飞速发展的影响下,智能化逐渐走入了各个领域中,这使得建筑设计也随之朝着智能化的方向优化,但因其特点,故在对其进行设计的过程中,必须对各个方面进行综合全面的考虑,以便更好地提升智能化建筑的效果。

第二节 建筑智能化技术网络技术

为了顺应科学发展观中可持续发展的核心理念，并且为广大居民营造舒适环保的居住环境，建筑智能化技术网络技术开始在当前的建筑行业得到了广泛的普及和应用。但由于建筑智能化技术网络技术还处于初步的发展阶段，其本身并没有形成科学合理的管理体系，也缺乏完善的评价体系，致使建筑智能化技术网络技术的整体功能效益被大幅削弱。因此，本节简析建筑智能化技术网络技术现状，论述建筑智能化技术网络技术应用问题，并浅谈其发展趋势。

一、建筑智能化技术网络技术现状

目前，建筑智能化技术网络技术被广泛应用于建筑节能系统、办公系统和安保系统中，有效提升了建筑综合质量。从建筑节能系统来看，建筑智能化技术网络技术能够优化电气节能系统，起到节能减排的作用；从办公系统来看，随着智能化自动化概念的发展普及，办公自动化已开始替代传统的人工办公操作，很多企业单位开始借助新型计算机网络在信息处理方面的优势来进行事务处理的过程，与传统办公模式相比，建筑智能化技术网络技术主导下的办公自动化模式能最大限度地解放人力，并且将人为造成的误差降低到最小，快速而准确地进行各项事务的处理，因而能够大大地提高工作效率和质量；从安保系统系统来看，建筑智能化技术网络技术被植入到了电梯系统、消防设备系统和监控系统，这对维护建筑安全、保护公民生命财产起到了重要作用。

二、建筑智能化技术网络技术应用问题

和西方发达国家相比，中国建筑智能化技术网络技术应用还相对落后，就拿监控技术来讲，智能化监控易受到断电与监控盲区的影响，部分监控设备受损，系统无法在第一时间内自动报警，这必然会影响建筑安全。其次，建筑电梯系统和消防设备的智能化技术也须待进一步提升。通常，电梯系统的瘫痪会给国民的正常生活与工作带来诸多不便。如果消防安全设备的自动化报警系统存在缺陷，一旦发生火灾，必然会造成重大损失。

三、建筑智能化技术网络技术发展趋势

（一）应用广泛性

随着科技的不断进步，智能化技术网络技术在建筑中的应用更加广泛，从宏观层析来看，智能化技术网络技术被应用于建筑通信系统、信息管理系统、水平线缆、多媒体技术、电梯系统、照明系统、监控系统、访客系统和消防安全系统等各个领域。此外，随着智能化技术网络技术的不断深入，智能大厦也日益兴起，有效推进了建筑的安全智能化管理。

（二）提升建筑环境的安全性

智能化技术网络技术对维护建筑的安全起到了重要作用，而全面提升建筑环境的安全性，则需要将智能化技术网络技术植入消防安全系统和电力系统中。对于消防安全系统来讲，在融合智能化技术网络技术时，要确保火灾报警控制器的设置符合以下规定以构建智能化安防系统：

（1）目前，火灾报警控制器分为两类，一类是只具有火灾报警功能的控制器（可称为单一性火灾报警控制器），一类是兼具报警和联动自动消防设备功能的控制器（也成为"联动型火灾报警控制器"）。在为这两种火灾报警控制器植入智能化技术网络技术时，要根据它们的差异来进行相应的组装，明确单一性火灾报警控制器的连接模块是指火灾探测器所接的模块，可以在线型光束感烟火灾探测器的地址模块、火灾探测器的信号转换模块和一级中继模块移植智能化技术网络技术；联动型火灾报警控制器的模块是用于联动功能的模块，主要包括水流指示器、防火阀的输入或者输出模块、信号阀的输入模块等，在为这些模块植入智能化技术网络技术时，需要给报警系统和联动系统分别使用不同的回路，这样有助于维护报警控制器的稳定性。

（2）在为消防设备系统安装智能化技术网络技术时，要绘制好精确的图纸，一般情况下，火灾报警控制器、消防控制室图形显示装置和消防联动控制器安装在墙体上时，其距离地面的高度宜控制在1.3~1.5米左右，靠近建筑门轴的侧面距离墙体的距离不能小于半米，正确操作距离应控制在1.2米左右。

（3）植入智能化技术网络技术以后，要确保火灾报警控制器的所有信息在集中火灾报警控制器上均有显示，而且能够集中收集火灾报警控制器的联动控制信号，并自动启动相应的消防设备。

（4）任一台火灾报警控制器所连接的火灾探测器、手动火灾报警按钮和模块等设备总数和地址总数均不能超过3200点，其中每一条总线回路连接设备的总数不应高于200点。

对于电力系统，应借助智能化技术网络技术确保建筑电力系统的接地安全，完善点位联结。此外，居住建筑各电气系统的接地宜使用共用接地网，并借助智能化技术网络技术将接地电阻值控制在电气系统的最小值内。对于电梯系统、自动扶梯和自动人行道电源开关的智能化技术网络技术设置，要遵循以下三大规定：①电源开关应采用低压断路器，所规定的电流不能低于计算电流；②低压断路器的过载保护特性曲线应该与电梯、自动扶梯、自动人行道设备的负载特性曲线相配合；③将电源自动化检修盒设置在顶层电梯轿厢门的一侧，确保其和地面距离在1.3米左右。

（三）推动建筑工程步入绿色环保性

绿色建筑理念着重强调对建筑节能环保效益，因此，在绿色建筑理念指导下的智能化技术网络技术建筑项目设计管理应在考虑自然和社会因素的基础上，充分发挥绿色建筑在可再生资源利用方面的优势,结合当地太阳能、风能、地热能以及水能等可再生能源基础,有针对性地进行智能化技术网络技术的选择和应用,并通过优化照明取暖系统来实现节能减排的目标,以此不仅能使建设项目的设计管理获取最大的经济效益,还能使其取得较高的生态效益。

综上所述,当前建筑智能化技术网络技术被广泛应用于建筑节能系统、办公系统和安保系统中,有效提升了建筑综合质量。可是,和西方发达国家相比,中国建筑智能化技术网络技术应用还相对落后,有时会给国民的正常生活与工作带来诸多不便,甚至造成重大损失。对此,需要将建筑智能化技术网络技术广泛应用于建筑通信系统、信息管理系统、水平线缆、多媒体技术、电梯系统、照明系统、监控系统和消防安全系统等各个领域;全面提升建筑环境的安全性,按照科学规则与方法,做好建筑智能化技术网络技术的移植工作;在绿色建筑理念指导下,不断优化智能化技术网络技术建筑项目设计管理体系。

第三节 建筑智能化技术设计及其特点

智能化建筑自被提出以来,受到建筑行业的广泛关注,现阶段我国建筑行业高速发展,建筑智能化技术得到广泛的应用,截至2012年,我国的智能化建筑总覆盖量已达建筑总量的25%,同时,这种覆盖量以每年35%的增长速度持续高速增长。由此可见,建筑智能化技术是集当代科学技术、经济发展成果、人民居住生活要求的成果,具有高效、低能耗、高人性化的特点,为人民的日常生活带来了很多的方便。

一、简述建筑智能化技术

智能化建筑(Intelligent Building,简称IB)是智能化建筑是将建筑、通信、计算机网络和监控等各方面的先进技术相互融合、集成为最优化的整体,能够适应信息化社会发展需要的现代化新型建筑。

智能化建筑是应当代科学技术、经济发展成果、人民居住生活要求而生的一种新型的符合人们日常生活、工作、娱乐需求的多功能、人性化、智能化的高科技建筑。

建筑智能化技术主要有三个方面组成,分别是:建筑自动化技术(Building Automation System)、通信自动化技术(Communication Automation System)和办公自动化技术(Office Automation System)。这三方面技术可以简称为3A,三种自动化技术共同构成了建筑智能化技术,三种自动化技术的共同应用,保证了当代建筑能够符合人们日常生活、通信、办公的需求,同时使人们参与各种社会活动的过程中能够更方便,集三种自动化技术为一体的建筑智能化技术现已广泛应用于当代建筑工程建设中,根据大量实践表明,通过建筑智能化技术建造出智能化建筑有低能耗、高效率、保护环境、绿色健康、可持续发展等明显特点。

二、建筑智能化技术的具体要求

建筑智能化技术包括建筑自动化技术、通信自动化技术和办公自动化技术，因此在实际建筑工程的建设过程中应该使得建筑智能化技术满足如下具体要求：

（一）必须有完善的公共安全系统

公共安全系统泛指能够通过应对火灾、非法入侵、自然灾害等重大安全事故或者自然安全事故来减少居住地人民财产、生命安全损失的一种重要的智能化建筑组成系统。该系统通过处理上述所说的重大安全事故或者自然安全事故以确保人民生命财产安全、确保应急联动技术安全可靠，能够及时联系相关消防部门进行第一时间的处理。

（二）必须有智能化集成系统

建筑智能化技术中必须要有智能化集成系统，以将不同功能的建筑智能化系统统一集成在一个系统中，以满足不同智能化建筑的风格要求。同时，这种智能化集成系统必须具有资源共享、信息分享、优化系统管理等功能，以满足不同建筑物的具体功能。

同时，拥有智能化集成系统的智能化建筑能够有效地根据不同建筑物的建筑规模、建筑功能来确保建筑资源合理分配到不同的建筑物中，已形成综合管理、资源合理共享的功能。

（三）必须有信息化应用平台

在拥有智能化集成系统的基础上，一个智能化建筑要实现和外界的信息互通或者建筑系统内部信息的交流都必须要有一个完善的信息化应用平台，以实现对外界或者建筑系统内部各种有用信息的整合和无用信息的删除。

信息化应用平台主要的功能是通过将外部或者建筑系统内部的信息加以收集、传输、交换、整合、检索、输出等一系列信息处理手段，来为建筑物的居住者和具体管理者提供良好的信息应用和交流的平台，真正达到一个建筑物中的信息交流一体化、信息共享实时化、信息服务人性化。

完善的信息化应用平台应该包含以下具体的应用系统，比如说：信息网络应用系统、卫星通信系统、会议系统、信息处理系统、室内无线通信系统、电视信号接收系统、电话接收系统、无线移动系统等。通过这些应用系统的完美应用和无缝隙整合来实现为居住住户或者办公用户提供完善的、无死角的、快捷的业务信息运行的具体情况，保证业主能够实时的接收到物业或者小区提供的有效信息，同时能够保证物业或者小区能够完整地掌握各种住户信息，更好地了解住户的需求，以完善自己的物业服务系统和信息处理系统。

（四）必须有紧急事故处理机房

用于处理紧急事故的机房不仅可以用来处理建筑工程中发生的各项紧急事故，同时可以作为公共安全系统、智能化集成系统、信息化应用平台的存放地点，以确保在断电、断网或者发生火灾、水灾或者遭受人为损害后上述所有智能化建筑技术系统不会停止自己的运转，进而保证整个建筑工程的正常运转，确保建筑工程管理部门对建筑信息的实时搜集和掌握。

三、现阶段建筑智能化技术在运用过程中存在的问题

尽管建筑智能化技术在我国的建筑工程的建造过程中受到了很广泛的应用,但是我国建筑行业起步较晚,较世界其他建筑行业发达的国家来看,我国现阶段建筑智能化技术在运用的过程中仍存在很多的问题,具体的表现形式如下:

(一)建筑智能化技术在实际运用过程中受不到重视

建筑行业在我国的发展势头正旺,但是建筑工人对于智能化技术这一专业名词却了解得很少,导致在工程建造的实际过程中与社会脱节、与科学技术脱节、与经济发展脱节,不能够很好地将建筑智能化技术运用到实际的建筑过程中。

造成这种现象的主要原因有以下几个方面:第一是建筑工人的整体素质不够高,建筑企业为了压缩经济成本,更大程度实现自身经济发展的最大化,通常对员工的素质要求不高,这就导致既定的建筑计划不能够按时保质完成,建筑工人通常会以一种不规范、不合理的建筑方式来建造计划中提到的智能化建筑,这就直接导致了上述现象的发生。间接原因是建筑集团的监管不力,在建造的工程中,很多建筑企业通常会引入第三方来监督既定计划的实施,但很多监管部门几乎都没有合理的监管机制,导致现场监督工程不能够顺利进行,间接导致了建筑智能化技术在实际运用的过程中受不到重视。因此,为确保建筑智能化技术能够一五一十地落实到建筑工程中,建筑企业必须提高建筑工人的工作素质和工作能力,同时保证第三方监管部门能够有效地实施监管权力,履行监管义务。

(二)建筑智能化技术未形成完善的工程运用体系

我们在简述建筑智能化技术时已经提到其是由建筑自动化技术、通信自动化技术、办公自动化技术共同构成的 3A 技术,同时在每个 3A 技术中又有很多分支系统,比如说:信息通信系统、信息整合系统、信息处理系统、建筑智能化集成系统等。由此可见,建筑智能化技术并不是一项单一的建筑科学技术,所以应该在建筑智能化技术的运用过程中考虑各项技术是否产生冲突、是否能够合理运用。但是,现阶段由于我国科学技术发展现状很难保证建筑智能化技术形成完善的工程运用体系,同时各个建筑企业的投入研发的力度也不足以保证其能够形成完善的工程运用体系。

因此,为确保建筑智能化技术在运用的过程中有据可依、有法可查我国各大建筑行业应该加大自己在研发技术上的投入,同时确保能够积极引进国外发达国家的先进技术,并结合国内建筑工程的实际情况,研发出真正适合我国建筑行业发展的建筑智能化技术工程运用体系。

在科学技术高速发展和经济全球化的背景下,人们对于居住、办公、娱乐环境的要求越来越高,为建筑工程带来了很大的发展,建筑规模也日渐扩大,但在建筑工程行业发展的过程中各大建筑企业不得不考虑一个问题:绿色环保的问题,或者说是建筑资源可持续发展的问题。而建筑智能化技术能够有效地解决建筑工程或者建筑资源不可持续发展的问题。因此,建筑智能化技术现已成为建筑工程建筑过程中主要应用的技术。

本节通过对建筑智能化技术的分析，提出了建筑智能化技术在发展过程中应该包含的各种功能系统和现阶段存在的各种问题，如果各大建筑企业能够在建筑工程的过程中注意这些问题，相信能够有效地提高建筑工程建造的效率和智能化进程，更好地满足人民对于居住、办公、娱乐的需求，从根本上确保了社会的稳定和科学、经济的发展。

第四节　建筑电气智能化技术设计的分析

在建筑电气智能化设计中对技术形式有严格的要求，以现有评估方案作为基础，为了实现精细化处理，在智能化指标掌握阶段，需要定期对电气工程质量了解，施工过程中可能还会存在不同程度的问题，因此可以从实现远程设备控制、照明系统的智能化设计、智能化配电系统设计等方面入手，只有保证检测准确性，才能最大限度满足施工质量。适当的施工形式利用，能便于后期维护，效果突出。本节从电气工程设计中智能化技术的优势入手，对建筑电气智能化技术设计进行了分析，以供参考。

一、电气工程设计中智能化技术的优势

（一）智能化技术比较灵活

所谓智能化技术，最大的特点就是"智能"二字，智能意味着通过现代信息技术，我们可以最简洁最高效地进行电气设计，而这也正是智能化技术的一个巨大的优势——灵活。在我们传统的电气设计领域，大多是由相关技术人才，通过人工的方式，对整个建筑的电气结构进行设计建造，在这个过程中掺杂许多个人的因素，难免出现偏差和错误，再到之后的实际操作环节，更是会产生一定的操作失误和偏差。而使用电气自动化智能化的设计，便可以减少失误和偏差，以最优的方式解决设计问题，并且可以有最高的效率。

（二）智能化技术具有一致性

建筑电气智能化技术设计具有一致性，在进行数据处理中，智能化技术表现出明显的一致性。该技术形式对于同一类别的信息技术处理形式有不同程度的要求，在整个处理阶段，只有保证电气设计的科学性和时效性，才能满足整体设计优势。智能化技术以不同的数据作为基础，在对数据进行评估和处理中，针对信息的类别可知，对数据形式评估后，能保证电气工程设计的严谨性和科学性。在电气工程具体实施中，如果存在管理不到位或者其他类型的问题，都会直接对设计效果造成影响。

（三）智能化技术形式控制力强

智能化技术形式一个显著的特点就是控制力比较强，在电气工程设计中，为了体现出智能化设计形式，在技术类型分析阶段，需要以先进的技术管理理念作为基础，人员智能化的

设计体现在高度控制中,如果设计模型出现参数高或者控制不到位等现象,在技术分析中要充分利用现有的方案,实现对对象的把握和控制。

二、建筑电气智能化技术设计分析

(一)实现远程设备控制

建筑电气工程是建筑工程项目设计的重要内容,在电气设计中如何合理应用该技术形式是关键,根据设计单位以及居住者的要求可知,结合使用者的实际需求进行预设后,能满足设计内容要求。此外考虑到智能化设计模式要求,在各项技术类型应用过程中,兼顾到排水系统、照明系统和通信系统等,信息集中化分析中,需要对终端设备掌握,通常情况下远程设备的控制是重点,例如空调器采用的是智能化技术,采用信息接收器对信息处理后,设定空调输入和输出接口,便于后期维护。

(二)实现照明系统的智能化升级

众所周知,照明系统是建筑电气工程中的常用设备,实现照明系统的智能化升级是智能化技术的内在要求。想要实现照明系统的智能化升级,首先要根据照明系统的应用要求,选择接口位置一致的输出路线,从而保障线路传输的有序进行。与此同时,还要实现对对象的控制,以此起到降低能耗的作用。此外,在智能化技术应用过程中,还要采用接口一致的灯具,进行输入和输出线路的处理,从而实现信息的合理传递。

(三)智能化配电系统设计

建筑电气工程设计中对供电形式和配电系统的设计有严格的要求,如果整体水平比较低,则在智能化设计中,无法实现系统的合理化设计。结合供配电建筑用途以及实际需求可知,做好配电系统的设计工作后,对系统进行检查。智能化技术采用的是实时监控的形式,根据智能化技术类型需求可知,采用合适的措施进行产后护理后,能满足自动化控制水平要求。此外工作人员需要对远程系统进行掌握,以供配电模式为例,实现电量参数的实时调整,降低建筑用电成本,在远程控制中,如果忽视了对电量参数的调整,势必影响方案落实。

三、智能建筑电气技术的未来发展趋势

(一)技术更可靠、设备更精湛

电气装置在智能建筑施工中发挥的重要作用是它在持续不断地工作,装置保障着工作运行的稳定有效。由于不但需要装置本身可靠耐用,而且需要前沿的电气技术支撑,所以,必须扩大电气设备的开放力度,并且不断提升电气技术水平。我国也正处于向信息化的快速发展阶段,政府也正在调整经济结构,转变经济发展策略,大力支持发展智能建筑建设,并且出台了节能新标准,树立了环保节能的绿色观念,促进城市建设的合理有效。

(二)绿色环保趋势

智能建筑与传统建筑最大的不同在于，智能建筑的设计观念是追求自动化，它是对人类生活质量和建筑设计的进一步优化，并且，在设计和施工过程中，一直朝着节能环保的方向发展。智能建筑的绿色生态理念，融汇了控制、决策、管理等各方面技术，必须利用大量的合理的智能系统来保障项目的实现。把智能建筑电气技术与节能环保的绿色观念结合，不仅节能减排，也是智能建筑未来发展的必由之路。

综上所述，建筑电气智能化技术的开发与应用具有极大的实践意义，与此同时，作为信息技术的产物，电气智能化技术的应用不仅可以在一定程度上提高建筑工程的质量，减少能耗，节约成本，同时还能够极大的满足人们相关需求，全面提高服务质量。所以，建筑电气智能化技术的应用和落实迫在眉睫。在此过程中，由于不同的设计形式以及设计机制直接影响着最终的应用效果，因此，要实现对设备运行情况进行有效的监管和操控，不断优化和升级电气智能化技术，在保障电气工程质量的同时，实现建筑电气智能化技术应用的合理性和有效性。

第五节 建筑智能化技术在物联网时代的发展和应用

经济社会的不断发展，给不同的行业都提出了更高的要求，建筑智能化技术应运而生。在智能建筑相关领域，物联网的使用，不仅可以对建筑的自动化以及智能化有一个全方位的提高，以满足人们的智能化需求，还可以让人们的生活环境得到较好的改善。现如今，人们的生活水平得到显著提升，对于高质量的生活以及智能化的建筑就存在了很大的需求，而在建筑中进行物联网的应用，首先是建筑物的智能水平得到有效提升，让人们的生活环境得到有效改善，更加便捷，还在一定程度上对生活的安全也提供了有效的保障。所以，对建筑智能化技术进行深入研究，有着重要的发展作用。

一、物联网和智能建筑

(一)物联网

物联网，顾名思义就是物品与物品之间相联系的网络，物联网的主要基础是互联网科技，本质来说是对互联网的一种扩充和发展，但是物联网实现的是物品的联系，互联网是信息方面的交流。随着社会的不断发展，我国的物联网技术也得到全面进步，在社会的各个方面，尤其是网络购物、移动支付、智能教学等领域都有着物联网技术的参与。在实际的应用中，物联网技术已经成了我国发展的重要产业之一，云计算和传感器等方面的技术都和物联网有很大的关系，网络传输的技术也和物联网密切相关。

（二）智能建筑

根据人们的实际需求对所居住的建筑的各个方面进行智能化的组合，以达到满足居住要求的建筑就是智能建筑。其主要的目的是让建筑体突破旧的模式，构建一个健康、舒适的环境。智能建筑主要由对建筑内部设备进行控制的自动控制技术、进行通信的现代通信技术、实现信息交流处理的计算机技术、安全居住的建筑物环境的建筑技术四大方面构成的。智能建筑由于在节能环保、安全舒适方面能够起到重要的作用而被人们广为接受，并且在不同的领域内都得到了推广使用。

物联网技术和建筑的融合改变了很多的传统建筑认知，在建筑物中放入电子芯片，在照明灯中使用各种控制技术，通过房屋内的简单构造就可以对整个房屋的环境进行监测。建筑行业在物联网时代的一大突破性发展就是智能建筑。

二、物联网在建筑中的应用

（一）节能减排

在建筑物中使用物联网技术，可以做到有效的节能减排，其主要表现在两方面。一是照明系统，主要是依托于 ZigBee 技术，使用新型的调光器、智能的插座和无线网开关等部分可以构造一个智能控制照明的系统，在这个系统中，实现的不仅是照明电的合理化使用，还可以把自然的采光和点灯的照明很好地结合在一起，既可以保证人们的生活使用，又可以实现节能环保，使用起来方便快捷；另一方面则是在空调系统里面使用智能的感知部件，这样可以做到对建筑物的环境进行有效的检测，再通过管理系统对空调进行合理的调节，让建筑物中的温度时刻处于最适宜人居住的温度，让人的生活环境得到有效的改善。使用无线传感的技术，还可以建立一个建筑物能源消耗的动态检测，对建筑物中能量发生的变化进行全程控制，出现异常的情况时，可以及时找到问题所在并进行处理，达到建筑物的有效节能减排。

（二）安保防护

居住安全是目前人们广泛关注的重要问题，使用物联网技术的建筑物可以有效解决这一难题。在以往的技术环境下，安保方面只能是依靠于摄像监控器，但是实际并没有起到很大的作用，很多的监控都只能保存较短的一段时间，而且只能是在问题出现以后进行证据的收集。建筑智能化技术则有了很大的改变，智能的安保系统可以实现电子巡视、不同角度全面监控建筑物内外环境，出现异常情况直接报警，尤其其中还有红外线的遥感技术，可以对摄像头的角度进行多角度的转换，实现对建筑物的无死角全面监控。安全防护还有着另外的作用，比如在家庭的环境监测方面，智能系统可以对建筑物环境中的二氧化碳含量进行有效监控，一旦浓度超过一定的标准，将会自动连接火警系统，保障人们的居住安全。

（三）网络集成

物联网的技术还在建筑物的网络集成方面起到重要的作用，主要的表现有：互联网宽带，使用宽带进行网络通信，实现与外界信息化的全面沟通和交流，和计算机技术很好地融合在了一起，尤其是在 EPON 和 GPON 得到较好的发展后，建筑的智能化使得宽带互联网和物联网得到了更好的融合。无线网络的发展，在 Wi-Fi 技术得到不断发展后，智能建筑中 Wi-Fi 的使用也得到了较为全面的普及和发展，使无线网络和有线网络实现了很好地结合。网络通信相关技术的使用，促进控制网的性能得到有效的提升，更好地实现了智能控制。

（四）智能家居

随着人们生活水平得到了很大的提高，人们已经在朝着高档消费品不断前进了。智能家居给人们带来了很大的便利，例如可以使用语音实现对家电的控制，建筑内的照明设备可以根据自然采光的情况进行照明强度的调整。在使用了物联网的 ZigBee 技术之后，人们甚至可以通过手机对建筑内部的智能家居设备进行远程的遥控指挥，比如在即将要下班的时候，将模式设置为回家，在屋内的照明设备可能已经开启，空调和热水器开始启动，用户回到家通过指纹锁进入屋内，便可以享受到舒适的环境。在离开家以后，将模式调整为离家，煤气、水阀、用电设备将会自动关闭。

三、建筑智能化技术在发展中存在的问题

（一）技术的稳定性问题

虽然物联网技术得到了一个较为全面的发展，但是在智能建筑中的使用还存在着一些问题。首先面临的问题，就是技术本身在稳定性方面还存在一些缺陷，虽然物建筑智能化技术得到很大的发展，但是在全面推广使用的过程中可能还存在一定问题；其次，智能建筑中的使用者可能对于相关的智能技术不是很熟悉，这就会导致在操作的时候存在一定的问题；最后，技术的发展涉及很多和硬件设备配合方面的问题，就可能会存在不匹配的现象，导致建筑智能化相关的技术难以得到稳定的发展。

（二）不同行业之间的合作问题

建筑智能化技术的发展不单是物联网，还涉及很多行业的内容，比如移动通信、智能家居、消防安全等。这些因素在智能建筑的使用中都会产生一定程度的影响，要实现智能建筑的全面推广使用，必须要对可能产生影响的因素进行全面思考，并进行有效处理，才能真正促进建筑智能技术的发展。

当前，我国的经济处于不断增长的阶段，科学技术水平也实现了创新和发展，建筑行业使用物联网技术实现了建筑智能化，这是建筑行业在面对新的形势、新的发展机遇以及新的挑战下，实现的一次伟大的突破。建筑智能化技术不单是使用了先进的科学技术，还和绿色环保发展的理念很好地结合在了一起，是一种可持续发展的绿色发展思想。智能建筑的不断发展，将会对各行业都产生深远的影响，而不仅是局限在人们的居住，不论是政府部门办公、教育教学、商业发展方面，建筑智能化技术都会起到重要作用。随着科技的不断发展，建筑的智能化技术还会得到进一步发展，为人们的工作生活起到更重要的作用。

第五章 建筑智能技术实践应用研究

第一节 建筑智能化中 BIM 技术的应用

BIM 是指建筑信息模型，利用信息化的手段围绕建筑工程构建结构模型，缓解建筑结构的设计压力。现阶段建筑智能化的发展中，BIM 技术得到了充分的应用，BIM 技术向智能建筑提供了优质的建筑信息模型，优化了建筑工程的智能化建设。由此，本节主要分析 BIM 技术在建筑智能化中的相关应用。

我国建筑工程朝向智能化的方向发展，智能建筑成为建筑行业的主流趋势，为了提高建筑智能化的水平，在智能建筑施工中引入了 BIM 技术，专门利用 BIM 技术的信息化，完善建筑智能化的施工环境。BIM 技术可以根据建筑智能化的要求实行信息化模型的控制，在模型中调整建筑智能化的建设方法，促使建筑智能化施工方案能够符合实际情况的需求。

一、建筑智能化中 BIM 技术特征

分析建筑智能化中 BIM 技术的特征表现，如：

（1）可视化特征，BIM 构成的建筑信息模型在建筑智能化中具有可视化的表现，围绕建筑模拟了三维立体图形，促使工作人员在可视化的条件下能够处理智能建筑中的各项操作，强化建筑施工的控制；

（2）协调性特征，智能建筑中涉及很多模块，如土建、装修等，在智能建筑中采用 BIM 技术，实现各项模块之间的协调性，以免建筑工程中出现不协调的情况，同时还能预防建筑施工进度上出现问题；

（3）优化性特征，智能建筑中的 BIM 具有优化性的特征，BIM 模型中提供了完整的建筑信息，优化了智能建筑的设计、施工，简化智能建筑的施工操作。

二、建筑智能化中 BIM 技术应用

结合建筑智能化的发展，分析 BIM 技术的应用，主要从以下几个方面分析 BIM 在智能建筑工程中的应用。

（一）设计应用

BIM 技术在智能建筑的设计阶段，首先构建了 BIM 平台，在 BIM 平台中具备智能建筑设计时可用的数据库，由设计人员到智能建筑的施工现场实行勘察，收集与智能建筑相关的

数值，之后把数据输入到BIM平台的数据库内，此时安排BIM建模工作，利用BIM的建模功能，根据现场勘察的真实数据，在设计阶段构建出符合建筑实况的立体模型，设计人员在模型中完成各项智能建筑的设计工作，而且模型中可以评估设计方案是否符合智能建筑的实际情况。BIM平台数据库的应用，在智能建筑设计阶段提供了信息传递的途径，拉近了不同模块设计人员的距离，避免出现信息交流不畅的情况，以便实现设计人员之间的协同作业。例如：智能建筑中涉及弱电系统、强电系统等，建筑中安装的智能设备较多，此时就可以通过BIM平台展示设计模型，数据库内写入了与该方案相关的数据信息，直接在BIM中调整模型弱电、强度以及智能设备的设计方式，促使智能建筑的各项系统功能均可达到规范的标准。

（二）施工应用

建筑智能化的施工过程中，工程本身会受到多种因素的干扰，增加了建筑施工的压力。现阶段建筑智能化的发展过程中，建筑体系表现出大规模、复杂化的特征，在智能建筑施工中引起了效率偏低的情况，再加上智能建筑的多功能要求，更是增加了建筑施工的困难度。智能建筑施工时采用了BIM技术，其可改变传统施工建设的方法，更加注重施工现场的资源配置。以某高层智能办公楼为例，分析BIM技术在施工阶段中的应用，该高层智能办公楼集成了娱乐、餐饮、办公、商务等多种功能，共计32层楼，属于典型的智能建筑，该建筑施工时采用BIM技术，根据智能建筑的实际情况规划好资源的配置，合理分配施工中材料、设备、人力等资源的分配，而且BIM技术还能根据天气状况调整建筑的施工工艺，该案例施工中期有强降水，为了避免影响混凝土的浇筑，利用BIM模型调整了混凝土的浇筑工期，BIM技术在该案例中非常注重施工时间的安排，在时间节点上匹配好施工工艺，案例中BIM模型专门为建筑施工提供了可视化的操作，也就是利用可视化技术营造可视化的条件，提前观察智能办公楼的施工效果，直观反馈出施工的状态，进而在此基础上规划好智能办公楼施工中的工艺、工序，合理分配施工内容，BIM在该案例中提供实时监控的条件，在智能办公楼的整个工期内安排全方位的监控，避免建筑施工时出现技术问题。

（三）运营应用

BIM技术在建筑智能化的运营阶段也起到了关键的作用，智能建筑竣工后会进入运营阶段，分析BIM在智能建筑运营阶段中的应用，维护智能建筑运营的稳定性。本节主要以智能建筑中的弱电系统为例，分析BIM技术在建筑运营中的应用。弱电系统竣工后，运营单位会把弱电系统的后期维护工作交由施工单位，此时弱电系统的运营单位无法准确地了解具体的运行，导致大量的维护资料丢失，运营中采用BIM技术实现了参数信息的互通，即使施工人员维护弱电系统的后期运行，运营人员也能在BIM平台中了解参数信息，同时BIM中专门建立了弱电系统的运营模型，采用立体化的模型直观显示运维数据，匹配好弱电系统的数据与资料，辅助提高后期运维的水平。

三、建筑智能化中 BIM 技术发展

BIM 技术在建筑智能化中的发展，应该积极引入信息化技术，实现 BIM 技术与信息化技术的相互融合，确保 BIM 技术能够应用到智能建筑的各个方面。现阶段 BIM 技术已经得到了充分的应用，在智能化建筑的应用中需要做好 BIM 技术的发展工作，深化 BIM 技术的实践应用，满足建筑智能化的需求。信息化技术是 BIM 的基础支持，在未来发展中规划好信息化技术，推进 BIM 在建筑智能化中的发展。

建筑智能化中 BIM 技术特征明显，规划好 BIM 技术在建筑智能化中的应用，同时推进 BIM 技术的发展，促使 BIM 技术能够满足建筑工程智能化的发展。BIM 技术在建筑智能化中具有重要的作用，推进了建筑智能化的发展，最重要的是 BIM 技术辅助建筑工程实现了智能化，加强现代智能化建筑施工的控制。

第二节 绿色建筑体系中建筑智能化的应用

由于我国社会经济的持续增长，绿色建筑体系逐渐走进人们视野，在绿色建筑体系当中，通过合理应用建筑智能化，不但能够保证建筑体系结构完整，其各项功能得到充分发挥，为居民提供一个更加优美、舒适的生活空间。鉴于此，本节主要分析建筑智能化在绿色建筑体系当中的具体应用。

一、绿色建筑体系中科学应用建筑智能化的重要性

建筑智能化并没有一个明确的定义，美国研究学者指出，所谓建筑智能化，主要指的是在满足建筑结构要求的前提之下，对建筑体系内部结构进行科学优化，为居民提供一个更加便利、宽松的生活环境。而欧盟则认为智能化建筑是对建筑内部资源的高效管理，在不断降低建筑体系施工与维护成本的基础之上，用户能够更好地享受服务。国际智能工程学会则认为：建筑智能化能够满足用户安全、舒适的居住需求，与普通建筑工程相比，各类建筑的灵活性较强。我国研究人员对建筑智能化的定位是施工设备的智能化，将施工设备管理与施工管理进行有效结合，真正实现以人为本的目标。

由于我国居民生活水平的不断提升，绿色建筑得到了大规模的发展，在绿色建筑体系当中，通过妥善应用建筑智能化技术，能够有效提升绿色建筑体系的安全性能与舒适性能，真正达到节约资源的目标，对建筑周围的生态环境起到良好改善作用。结合《绿色建筑评价标准》（GB/T50328-2014）中的有关规定能够得知，通过大力发展绿色建筑体系，能够让居民与自然环境和谐相处，保证建筑的使用空间得到更好利用。

二、绿色建筑体系的特点

（一）节能性

与普通建筑相比，绿色建筑体系的节能性更加明显，能够保证建筑工程中的各项能源真正实现循环利用。例如，在某大型绿色建筑工程当中，设计人员通过将垃圾进行分类处理，能够保证生活废物得到高效处理，减少生活污染物的排放量。由于绿色建筑结构比较简单，居民的活动空间变得越来越大，建筑可利用空间的不断加大，有效提升了人们的居住质量。

（二）经济性

绿色建筑体系具有经济性特点，由于绿色建筑内部的各项设施比较完善，能够全面满足居民的生活、娱乐需求，促进居民之间的和谐沟通。为了保证太阳能的合理利用，有关设计人员结合绿色建筑体系特点，制定了合理的节水、节能应急预案，并结合绿色建筑体系运行过程中时常出现的问题，制定了相应的解决对策，在提升绿色建筑体系可靠性的同时，充分发挥该类建筑工程的各项功能，使得绿色建筑体系的经济性能得到更好体现。

三、绿色建筑体系中建筑智能化的具体应用

（一）工程概况

某项目地上34层为住宅楼，地下两层为停车室，总建筑面积为12365.95m^2，占地面积为1685.32m^2。在该建筑工程当中，通过合理应用建筑智能化理念，能够有效提高建筑内部空间的使用效果，进一步满足人们的居住需求。绿色建筑工程设计人员在实际工作当中，要运用"绿色"理念，"智能"手段，对绿色建筑体系进行合理规划，并认真遵守《绿色建筑技术导则》中的有关规定，不断提高绿色建筑的安全性能与可靠性能。

（二）设计阶段建筑智能化的应用

在绿色建筑设计阶段，设计人员要明确绿色建筑体系的设计要求，对室内环境与室外环境进行合理优化，节约大量的水资源、材料资源，进一步提升绿色建筑室内环境质量。在设计室外环境的过程当中，可以栽种适应力较强、生长速度快的树木，并采用无公害病虫害防治技术，不断规范杀虫剂与除草剂的使用量，防止杀虫剂与除草剂对土壤与地下水环境产生严重危害。为了进一步提升绿色建筑体系结构的完整性，社区物业部门需要建立相应的化学药品管理责任制度，并准确记录下树木病虫害防治药品的使用情况，定期引进生物制剂与仿生制剂等先进的无公害防治技术。

除此之外，设计人员还要根据该地区的地形地貌，对原有的工程设计方案进行优化，并不断减小工程施工对周围环境产生的影响，特别是水体与植被的影响等。设计人员还要考虑工程施工对周围地形地貌、水体与植被的影响，并在工程施工结束之后，及时采用生态复原措施，保证原场地环境更加完整。设计人员还要结合该地区的土壤条件，对其进行生态化处理，

针对施工现场中可能出现的污染水体，采取先进的净化措施进行处理，在提升污染水体净化效果的同时，真正实现水资源的循环利用。

（三）施工阶段建筑智能化的应用

在绿色建筑工程施工阶段，通过应用建筑智能化技术，能够有效降低生态环境负荷，对该地区的水文环境起到良好地保护作用，真正实现提升各项能源利用效率、减少水资源浪费的目标。建筑智能化技术的应用，主要体现在工程管理方面，施工管理人员通过利用信息技术，将工程中的各项信息进行收集与汇总，在这个过程当中，如果出现错误的施工信息，软件能够准确识别错误信息，更好的减轻了施工管理人员的工作负担。

在该绿色建筑工程项目当中，施工人员进行海绵城市建设，其建筑规模如下：①在小区当中的停车位位置铺装透水材料，主要包括非机动车位与机动车位，防止地表雨水的流失；②合理设置下凹式绿地，该下凹式绿地占地面地下室顶板绿地的90%，具有较好的调节储蓄功能；③该工程项目设置屋顶绿化 $698.25m^2$，剩余的屋面则布置太阳能设备，通过在屋顶布设合理的绿化，能够有效减少热岛效应的出现，不断减少雨水的地表径流量，对绿色建筑工程项目的使用环境起到良好的美化作用。

（四）运行阶段建筑智能化的应用

在绿色建筑工程项目运行与维护阶段，建筑智能化技术的合理应用，能够保证项目中的网络管理系统更加稳定运行，真正实现资源、消耗品与绿色的高效管理。所谓网络管理系统，能够对工程项目中的各项能耗与环境质量进行全面监管，保证小区物业管理水平与效率得到全面提升。在该绿色建筑工程项目当中，施工人员最好不采用电直接加热设备作为供暖控台系统，要对原有的采暖与空调系统冷热源进行科学改进，并结合该地区的气候特点、建筑项目的负荷特性，选择相应的热源形式。该绿色建筑工程项目中采用集中空调供暖设备，拟采用2台螺杆式水冷冷水机组，机组制冷量为1160kW左右。

综上所述，通过详细介绍建筑智能化技术在绿色建筑体系设计阶段、施工阶段、运行阶段的应用要点，能够帮助有关人员更好地了解建筑智能化技术的应用流程，对绿色建筑体系的稳定发展起到良好推动作用。对于绿色建筑工程项目中的设计人员而言，要主动学习先进的建筑智能化技术，不断提高自身的智能化管理能力，保证建筑智能化在绿色建筑体系中得到更好运用。

第三节 建筑电气与智能化建筑的发展和应用

智能化建筑在当前建筑行业中越来越常见，对于智能化建筑的构建和运营而言，建筑电气系统需要引起高度关注，只有确保所有建筑电气系统能够稳定有序运行，进而才能够更好保障智能化建筑应有功能的表达。基于此，针对建筑电气与智能化建筑的应用予以深入探究，成为未来智能化建筑发展的重要方向，本节就首先介绍了现阶段建筑电气和智能化建筑的发展状况，然后又具体探讨了建筑电气智能化系统的应用，以供参考。

现阶段智能化建筑的发展越来越受重视，为了进一步凸显智能化建筑的应用效益，提升智能化建筑的功能价值，必然需要重点围绕着智能化建筑的电气系统进行优化布置，以求形成更为协调有序的整体运行效果。在建筑电气和智能化建筑的发展中，当前受重视程度越来越高，尤其是伴随着各类先进技术手段的创新应用，建筑智能化电气系统的运行同样也越来越高效。但是针对建筑电气和智能化建筑的具体应用方式和要点依然有待于进一步探究。

一、建筑电气和智能化建筑的发展

当前建筑行业的发展速度越来越快，不仅仅表现在施工技术的创新优化上，往往还和建筑工程项目中引入的大量先进技术和设备有关，尤其是对于智能化建筑的构建，更是在实际应用中表现出了较强的作用价值。对于智能化建筑的构建和实际应用而言，其往往表现出了多方面优势，比如可以更大程度上满足用户的需求，体现更强的人性化理念，在节能环保以及安全保障方面同样也具备更强作用，成为未来建筑行业发展的重要方向。在智能化建筑施工构建中，各类电气设备的应用成为重中之重，只有确保所有电气设备能够稳定有序运行，进而才能够满足应有功能。基于此，建筑电气和智能化建筑的协同发展应该引起高度关注，以求促使智能化建筑可以表现出更强的应用价值。

在建筑电气和智能化建筑的协同发展中，智能化建筑电气理念成为关键发展点，也是未来我国住宅优化发展的方向，有助于确保所有住宅内电气设备的稳定可靠运行。当然，伴随着建筑物内部电气设备的不断增多，相应智能化建筑电气系统的构建难度同样也比较大，对于设计以及施工布线等都提出了更高要求。同时，对于智能化建筑电气系统中涉及的所有电气设备以及管线材料也应该加大关注力度，以求更好维系整个智能化建筑电气系统的稳定运行，这也是未来发展和优化的重要关注点。

从现阶段建筑电气和智能化建筑的发展需求上来看，首先应该关注以人为本的理念，要求相应智能化建筑电气系统的运行可以较好符合人们提出的多方面要求，尤其是需要注重为建筑物居住者营造较为舒适的室内环境，可以更好提升建筑物居住质量；其次，在智能化建筑电气系统的构建和运行中还需要充分考虑到节能需求，这也是开发该系统的重要目标，需要促使其能够充分节约以往建筑电气系统运行中不必要的能源消耗，在更为节能的前提下提升建筑物运行价值；最后，建筑电气和智能化建筑的优化发展还需要充分关注于建筑物的安全性，能够切实围绕着相应系统的安全防护功能予以优化，确保安全监管更为全面，同时能够借助于自动控制手段形成全方位保护，进一步提升智能化建筑应用价值。

二、建筑电气与智能化建筑的应用

（一）智能化电气照明系统

在智能化建筑构建中，电气照明系统作为必不可少的重要组成部分应该予以高度关注，确保电气照明系统的运用能够体现出较强的智能化特点，可以在照明系统能耗损失控制以及照明效果优化等方面发挥积极作用。电气照明系统虽然在长期运行下并不会需要大量的电能，但是同样也会出现明显的能耗损失，以往照明系统中往往有15%左右的电力能源被浪费，这也就成为建筑电气和智能化建筑优化应用的重要着眼点。针对整个电气照明系统进行智能化处理需要首先考虑到照明系统的调节和控制，在选定高质量灯源的前提下，借助于恰当灵活的调控系统，实现照明强度的实时控制，如此也就可以更好满足居住者的照明需求，同时还有助于规避不必要的电力能源损耗。虽然电气照明系统的智能化控制相对简单，但是同样也涉及了较多的控制单元和功能需求，比如时间控制、亮度记忆控制、调光控制以及软启动控制等，都需要灵活运用到建筑电气照明系统中，同时借助于集中控制和现场控制，实现对于智能化电气照明系统的优化管控，以便更好提升其运行效果。

（二）BAS 线路

建筑电气和智能化建筑的具体应用还需要重点考虑到BAS线路的合理布设，确保整个BAS运行更为顺畅高效，避免在任何环节中出现严重隐患问题。在BAS线路布设中，首先应该考虑到各类不同线路的选用需求，比如通信线路、流量计线路以及各类传感器线路，都需要选用屏蔽线进行布设，甚至需要采取相应产品制造商提供的专门导线，以避免在后续运行中出现运行不畅现象。在BAS线路布设中还需要充分考虑到弱电系统相关联的各类线路连接需求，确保这些线路的布设更为合理，尤其是对于大量电子设备的协调运行要求，更是应该借助于恰当的线路布设予以满足。另外，为了更好确保弱电系统以及相关设备的安全稳定运行，往往还需要切实围绕着接地线路进行严格把关，确保各方面的接地处理都可以得到规范执行，除了传统的保护接地，还需要关注于弱电系统提出的屏蔽接地以及信号接地等高要求，对于该方面线路电阻进行准确把关，避免出现接地功能受损问题。

（三）弱电系统和强电系统的协调配合

在建筑电气与智能化建筑构建应用中，弱电系统和强电系统之间的协调配合同样也应该引起高度重视，避免因为两者间存在的明显不一致问题，影响到后续各类电气设备的运行状态。在智能化建筑中做好弱电系统和强电系统的协调配合往往还需要首先分析两者间的相互作用机制，对于强电系统中涉及的各类电气设备进行充分研究，探讨如何借助于弱电系统予以调控管理，以促使其可以发挥出理想的作用价值。比如在智能化建筑中进行空调系统的构建，就需要重点关注于空调设备和相关监控系统的协调配合，促使空调系统不仅仅可以稳定运行，还能够有效借助于温度传感器以及湿度传感器进行实时调控，以便空调设备可以更好地服务于室内环境，确保智能化建筑的应用价值得到进一步提升。

（四）系统集成

对于建筑电气与智能化建筑的应用而言，因为其弱电系统相对较为复杂，往往包含多个子系统，如此也就必然需要重点围绕着这些弱电项目子系统进行有效集成，确保智能化建筑运行更为高效稳定。基于此，为了更好促使智能化建筑中涉及的所有信息都能够得到有效共享，应该首先关注于各个弱电子系统之间的协调性，尽量避免相互之间存在明显冲突。当前智能楼宇集成水平越来越高，但是同样也存在着一些缺陷，有待于进一步优化完善。

在当前建筑电气与智能化建筑的发展中，为了更好地提升其应用价值，往往需要重点围绕着智能化建筑电气系统的各个组成部分进行全方位分析，以求形成更为完整协调的运行机制，切实优化智能化建筑应用价值。

第四节　建筑智能化系统集成设计与应用

随着社会不断进步，建筑的使用功能获得极大丰富，从开始单纯为人们遮风挡雨，到现在协助人们完成各项生活、生产活动，其数字化水平、信息化程度和安全系数受到了人们的广泛关注。

由此可以看出，建筑智能化必将成为时代发展的趋势和方向。如今，集成系统在建筑的智能化建设中得到了广泛应用，引起了建筑质的变化。

一、现代建筑智能化发展现状

科学技术的进步推动了建筑行业的改革与发展。近年来，我国的智能化建筑领域呈现出良好的发展态势，并且其在设计、结构、使用等方面与传统建筑相互有着明显的差别，因此备受人们的关注。

如今，我们已经进入了网络时代，建筑建设也逐渐向集成化和科学化方向发展。智能建筑全部采用现代技术，并将一系列信息化设备应用到建筑设计和实际施工中，使智能建筑具有强大的实用性功能，进而为人们的生产生活提供更为优质的服务。

现阶段，各个国家对智能建筑均持不同的意见与看法，我国针对智能建筑也颁布了一系列的政策与标准。总的来说，智能建筑发展必须以信息集成技术为支撑，而如何实现系统集成技术在智能建筑中的良好应用，提高用户的使用体验就成了建筑行业亟须研究的问题。

二、建筑智能化系统集成目标

建筑智能化系统的建立，首先需要确定集成目标，而目标是否科学合理，对建筑智能化系统的建立具有决定性意义。在具体施工中，经常会出现目标评价标准不统一，或是目标不明确的情况，进而导致承包方与业主出现严重的分歧，甚至出现工程返工的情况，这造成了施工时间与资源的大量浪费，给承包方造成了大量的经济损失，同时业主的居住体验和系统性能价格比也会直线下降，并且业主的投资也未能得到相应的回报。

建筑智能化系统集成目标要充分体现操作性、方向性和及物性的特点。其中，操作性是决策活动中提出的控制策略，能够影响与目标相关的事件，促使其向目标方向靠拢。方向性是目标对相关事件的未来活动进行引导，实现策略的合理选择。及物性是指与目标相关或是目标能直接涉及的一些事件，并为决策提供依据。

三、建筑智能化系统集成的设计与实现

（一）硬接点方式

如今，智能建筑中包含许多的系统方式，简单的就是在某一系统设备中通过增加该系统的输入接点、输出接点和传感器，再将其接入另外一个系统的输入接点和输出接点来进行集成，向人们传递简单的开关信号。该方式得到了人们的广泛应用，尤其在需要传输紧急、简单的信号系统中最为常用，如报警信号等。硬接点方式不仅能够有效降低施工成本，而且为系统的可靠性和稳定性提供保障。

（二）串行通信方式

串行通信方式是一种通过硬件来进行各子系统连接的方式，是目前较为常用的手段之一。其较硬接点方式来说成本更低，且大多数建设者也能够依靠自身技能来实现该方式的应用。通过应用串行通信的方式，可以对现有设备进行改进和升级，并使其具备集成功能。该方式是在现场控制器上增加串行通信接口，通过串行通信接口与其他系统进行通信，但该方式需要根据使用者的具体需求来展开研发，针对性很强。同时其需要通过串行通信协议转换的方式来进行信息的采集，通信速率较低。

（三）计算机网络

计算机是实现建筑智能化系统集成的重要媒介。近几年来，计算机技术得到了迅猛的发展与进步，给人们的生产生活带来了极大的便利。建筑智能化系统生产厂商要将计算机技术充分利用起来，设计满足客户需求的智能化集成系统，例如保安监控系统、消防报警、楼宇自控等，将其通过网络技术进行连接，达到系统间互相传递信息的作用。通过应用计算机技术和网络技术，减少了相关设备的大量使用，并实现了资源共享，充分体现了现代系统集成的发展与进步，并且在信息速度和信息量上均体现出了显著的优势。

(四) OPC 技术

OPC 技术是一种新型的具有开放性的技术集成方式，若说计算机网络系统集成是系统的内部联系，那么 OPC 技术是更大范围的外部联系。通过应用计算机技术，能够促进各个商家间的联系，而通过构建开放式系统，例如围绕楼宇控制系统，能够促使各个商家、建筑的子系统按照统一的发展方式和标准，通过网络管理、协议的方式为集成系统提供相应的数据，时刻做到标准化管理。同时，通过应用 OPC 技术，还能将不同供应商所提供的应用程序、服务程序和驱动程序做集成处理，使供应商、用户均能在 OPC 技术中感受到其带来的便捷。此外，OPC 技术还能作为不同服务器与客户的连接桥梁，为两者建立一种即插即用的链接关系，并显示出其简单性和规范性的特点。在此过程中，开发商无须投入大量的资金与精力来开发各硬件系统，只需开发一个科学完善的 OPC 服务器，即可实现标准化服务。由此可见，基于标准化网络，将楼宇自控系统作为核心的集成模式，具有性能优良、经济实用的特点，值得广为推荐。

四、建筑智能化系统集成的具体应用

(一) 设备自动化系统的应用

实现建筑设备的自动化、智能化发展，为建筑智能化提供了强大的发展动力。所谓的设备自动化就是指实现建筑对内部安保设备、消防设备和机电设备等的自动化管理，如照明、排水、电梯和消防等相关的大型机电设备。相关管理人员必须要对这些设备进行定期检查和保养，保障其正常运行。实现设备系统的自动化，大大提高了建筑设备的使用性能，并保障了设备的可靠性和安全性，对提升建筑的使用功能和安全性能起到了关键的作用。

(二) 办公自动化系统的应用

通过办公自动化系统的有效应用，能够大大提高办公质量与效率，并极大地改善办公环境，避免出现人工失误，进而及时、高效地完成相应的工作任务。办公自动化系统通过借助先进的办公技术和设备，对信息进行加工、处理、储存和传输，较纸质档案来说更为牢靠和安全，并大大节省了办公的空间，降低了成本投入。同时，对于数据处理问题，通过应用先进的办公技术，使信息加工更为准确和快捷。

(三) 现场控制总线网络的应用

现场控制总线网络是一种标准的开放的控制系统，能够对各子系统数据库中的监控模块进行信息、数据的采集，并对各监控子系统进行联动控制，主要通过 OPC 技术、COM/DCOM 技术等标准的通信协议来实现。建筑的监控系统管理人员可利用各子系统来进行工作站的控制，监视和控制各子系统的设备运行情况和监控点报警情况，并实时查询历史数据信息，同时进行历史数据信息的储存和打印，再设定和修改监控点的属性、时间和事件的相应程序，并干预控制设备的手动操作。此外，对各系统的现场控制总线网络与各智能化子系统的以太网还应设置相关的管理机制，保证系统操作和网络的安全管理。

综上所述，建筑智能化系统集成是一项重要的科技创新，极大地满足了人们对智能建筑的需求，让人们充分体会到了智能化所带来的便捷与安全。同时，建筑智能化也对社会经济的发展起到了一定的促进作用。如今，智能化已经体现在生产生活的各个方面，并成为未来的重要发展趋势，对此，国家应大力推动建筑智能化系统集成的发展，为人们营造良好的生活与工作环境，促进社会和谐与稳定。

第五节 信息技术在建筑智能化建设中的应用

我国经济的高速发展及信息化社会、工业化进程的不断推进，使我国各地在一定限度上涌现出了投资额度不一、建设类型不一的诸多大型建筑工程项目，而面对体量较大的建筑工程主体管理工作，若不采用高效的科学的管理工具进行辅助，就会在极大限度上直接加大管理工作人员工作难度，甚至会给建筑工程项目建设带来不必要的负面影响。

信息技术的不断发展和应用，给传统的建筑管理工作带来了不可估量的影响，借助信息技术的不断应用，建筑主体智能化管理、视频监控管理、照明系统管理等现代信息技术的不断应用，借助对系统数据信息的深度挖掘和分析，实现了对建筑主体的自动化管控，为我国智能建筑市场优势的打造奠定了坚实的基础。

一、项目概况

为进一步探究信息技术在建筑智能化建设中的广泛应用，本节以某综合性三级甲等医院为主要研究对象，探究了该三甲医院门急诊病房的综合楼项目建设工程。

进一步分析该建设工程项目可知，该项目主要由住院病区、门诊区、急诊区、医疗技术区、中心供应区、后勤服务区和地下停车场区等重要部分组成，地面面积总共为 5.1 万 ㎡，总建筑面积为 23.8 万 ㎡。

该三甲医院门诊急诊病房综合楼工程项目建设设计门诊量为 6 000 人 /d，实际急诊量为 800 人 /d，实际拥有病床 1 700 个，共拥有手术室 82 间。

二、建筑智能化系统架构

随着现代社会人们物质生活水平的普遍提高和信息化技术、数字化技术、智能化技术的不断进步与发展，医疗服务的数字化水平、自动化水平和智能化水平逐步普及，建筑智能化系统在医疗建筑工程项目领域中的应用愈加广泛，在较大限度上直接加大了智能化建设项目成本的压力。因此，为了尽可能地强化建筑智能化设计，考虑用户核心需要、使用需求、管理模式、建设资金等多方面综合情况，进而对建筑智能化系统的相关功能、规模配置以及系统标准等方面进行综合考量，达到标准合格、功能齐全、社会效益和经济效益的最大化平衡，为人民生活谋取最大化福利。

三、系统集成技术应用

(一)系统集成原理

在利用信息化技术对建筑工程项目进行智能化建设和管理时,相关工作人员应严格按照建筑智能化工程项目建设规划及管理规划,在使用信息技术工具及其软件系统等多样化方式的基础上,增强对建筑工程项目的智能化系统集成。例如,在闵行区标准化考场视频巡查系统的改扩建项目中,工作人员首先应借助相关软件实现对工程项目建设硬件设备数据的采集、存储、整理和分析,进而通过相应信息软件对相关硬件设备的数据进行优化控制与管理。在此过程中,必须密切关注硬件设备与系统软件之间的天然差异所带来的数据交互以及数据处理的困难,根据所建设工程项目的实际标准选取更加恰当和适宜的过程控制标准,尽可能地选择由OPC基金会所制定的工业过程控制OPC标准,解决硬件服务商和系统软件集成服务商之间数据通信难度的同时,为上下位的数据信息通信提供更加透明的通道,从而实现硬件设备和软件系统之间数据信息的自由交换,进而为建筑工程项目智能化设计系统的开放性、可扩展性、兼容性、简便性等奠定坚实的基础,为建筑工程智能化管理提供可靠的保障。

(二)系统集成关键技术

为尽可能全面地满足建筑工程项目的智能化管理和建设需求,需借助先进科学的信息技术,在结合建筑工程智能化建设管理用户需求和建设需求目标的基础上进行整体设计和综合考量,进而制定满足特定建筑智能化管理目标的管理方案和管理措施。一般而言,在建筑工程项目智能化集成系统的设计过程中,其应用技术主要包括计算机技术、图像识别技术、数据通信技术、数据存储技术以及自动化控制技术等重要类型。就计算机技术而言,由于在所有的系统软件运行过程中都离不开计算机硬件设备及软件系统支撑等重要媒介,因此,为了尽可能地提高建筑工程智能化集成系统的实际应用效能,满足工程项目智能化建设的总体需求,就需要尽可能地使用先进的计算机管理技术,保证计算机媒介性能提升的同时,确保计算机网络系统的稳定性、安全性、服务可持续性、兼容性及高效性,为满足建筑智能化建设目标奠定坚实的基础。其次是图像识别技术,在建筑智能化集成系统子系统的集成过程中,由于集成对象包括了建筑工程项目出入车辆的监控、视频数据信息的采集等众多图像采集子系统,因此,为了更高效地完成系统集成目标,将各图像采集子系统所采集到的数据信息转化为可读性更强的数字化信息,就需采用高效的图像识别技术,完成对输入图像数据信息的识别、采集、存储和分析,最终完成图像信息到可读数字化信息的转换。就数据通信技术而言,建筑智能化集成系统在其设计过程中采用了集中式的数据存储管理模式,由建筑智能化集成系统的各子系统根据自身设备的实际运行状况实时记录和存储相应的生产数据信息,进而利用专业化程度较高的数据通信技术,将实时的生产数据信息进行集中汇总和存储,从而保证建筑智能化集成子系统数据信息能够持续稳定且可靠准确地上报集成数据中心,完成数据通信和数据存储过程。就自动化控制技术而言,建筑智能化集成系统之所以能够称为智能化系统的重要原因,即建筑智能化集成系统能够根据相应的预先设定的规则,对所采集到的数据信息进行分析处理而完成自动化控制,并进一步根据系统的分析结果采取相应的处置措施,且在一系列的数据处理和措施设计过程中并不需要人工参与,从而大幅度提高了建筑工程项目的实际管理效率和管理质量。因此,为有效提升系统的整体应用价值,就必须确保建筑智能化集成系统的自动化控制水准达到基本要求。

(三)系统集成分析

在闵行法院机房 UPS 项目智能化系统的建设过程中,为了尽可能地提高智能化系统的集成综合服务能力,根据现有的 5A 级智能化工程项目建设目标,包括楼宇设备自动化系统、安全自动防范系统、通信自动化系统、办公自动化系统和火灾消防联动报警系统等,在结合工程项目建设智能化管理实际需求的基础上,对现有的建筑智能化系统集成进行分层次的集成架构设计,确保建筑智能化系统集成物理设备层、数据通信层、数据分析层以及数据决策层等相关数据信息的可获得性和功能目标完成的科学性。其中,在对物理设备层进行架构时,必须根据不同的建筑工程项目主体智能化建设需求的不同,以 5A 级智能化建设项目为基本指导,在安装各智能化应用子系统过程中有所侧重,有所忽略。就通信层设计而言,主要是为了完成集成系统和各子系统之间数据信息交换接口的定义以及交换数据信息协议的补充,实现数据信息之间的互联互通,而数据分析层则主要是为了完成各子系统所采集到的数据信息的自动化分析和智能化控制,最终为数字决策层提供更加科学、更加准确的数据支撑。

总之,信息技术在建筑智能化建设和管理过程中具备不容忽视的使用价值和重要作用,不仅能在较大限度上直接改善建筑智能化系统的实际运营过程,确保建筑智能化各项运营需求和运营功能的实现,更能够有力地推动建筑智能化向智能建筑和智慧建筑方向发展,充分提高智能建筑实际运营质量的同时,实现智能建筑中的物物相连,为信息的"互联互通"和人们的舒适生活做出贡献。

第六节 智能楼宇建筑中楼宇智能化技术的应用

经济城市化水平的急剧发展带动了建筑业的迅猛发展,在高度信息化、智能化的社会背景下,建筑业与智能化的结合已成为当前经济发展的主要趋势,在现代建筑体系中,已经融入了大量的智能化产物,这种有机结合建筑,增添了楼宇的便捷服务功能,给用户带来了全新的体验。本节就智能化系统在楼宇建筑中的高效应用进行研究,根据智能化楼宇的需求,研制更加成熟的应用技术,改进楼宇智能化功能,为人们提供更加便捷、科技化的享受。

楼宇智能化技术作为新世纪高新技术与建筑的结合产物,其技术设计多个领域,不仅需要有专业的建筑技术人员,更需要懂科技、懂信息等科技人才相互协作才能确保楼宇智能化的实现。楼宇智能化设计中,对智能化建设工程的安全性、质量和通信标准要求极高。只有全面的掌握楼宇建筑详细资料，选取适合楼宇智能化的技术，才能建造出多功能、大规模、高效能的建筑体系，从而为人们创建更加舒适的住房环境和办公条件。

一、智能化楼宇建设技术的现状概述

在建筑行业中使用智能化技术，是集结了先进的科学智能化控制技术和自动通信系统，是人们不断改造利用现代化技术，逐渐优化楼宇建筑功能，提升建筑物服务的一种技术手段。20世纪80年代，第一栋拥有智能化建设的楼宇在美国诞生，自此之后，楼宇智能化技术在全世界各地进行推广。我国作为国际上具有实力潜力的大国，针对智能化在建筑物中的应用进行了细致的研究和深入的探讨，最终制定了符合中国标准的智能化建筑技术，并做出相关规定和科学准则。在国家经济的全力支撑下，智能化楼宇如春笋般，遍地开花。国家相关部分进行综合决策，制定了多套符合中国智能化建设的法律法规，使智能化楼宇在审批中、建筑中、验收的各个环节都能有标准的法律法规，这对于智能化建筑在未来的发展中给予了重大帮助和政策支撑。

二、楼宇智能化技术在建筑中的有效用应用

（一）机电一体化自控系统

机电设备是建筑中重要的系统，主要包括楼房的供暖系统、空调制冷系统、楼宇供排水体系、自动化供电系统等。楼房供暖与制冷系统调控系统：借助于楼宇内的自动化调控系统，能够根据室内环境的温度，开展一系列的技术措施，对其进行功能化、标准化的操控和监督管理。同时系统能后通过自感设备对外界温湿度进行精准检测，并自动调节，进而改善整个楼宇内部的温湿条件，为人们提供更高效、更适宜的服务体验。当楼宇供暖和制冷系统出现故障时，自控系统能够寻找到故障发生根源，并及时进行汇报，同时也可实现自身对问题的调控，将问题降到最低范围。

供排水自控系统：楼宇建设中供排水系统是最重要的工程项目，为了使供排水系统能够更好地为用户服务，可以借助于自控较高系统对水泵的系统进行24小时的监控，当出现问题障碍时，能够及时报警。同时，其监控系统，能够根据污水的排放管道的堵塞情况、处理过程等方面实施全天候的监控与管理。此外，自控制系统能够实时监测系统供排水系统的压力符合，压力过大时能够及时减压处理，保障水系统的供排在一定的掌控范围中。最大限度的减少供排水系统的障碍出现的频率。

电力供配自控系统：智能化楼宇建设中最大的动力来源就是"电"，因此，合理的控制电力的供给和分配是电力实现智能化建筑楼宇的重中之重。在电力供配系统中增添控制系统，实现全天候的检测，能够准确把握各个环节，确保整个系统能够正常的运行。当某个环节出现问题时，自控系统能够及时地检测出，并自动生成程序解决供电故障，或发出警报信号，提醒检修人员进行维修。能够实现对电力供配系统的监控主要依赖于传感系统发出的数据信息与预报指令。根据系统做出的指令，能够及时切断故障的电源，控制该区域的网络运行，从而保障电力系统的其他领域安全工作。

（二）防火报警自动化控制系统

搭建防火报警系统是现代楼宇建设中最重要的安全保障系统，对于智能化楼宇建筑而言，该系统的建设具有重大意义，由于智能化建筑中需要大功率的电子设备，来支撑楼宇各个系统的正常运转，在保障楼宇安全的前提下，消防系统的作用至关重要。当某一个系统中出现短路或电子设备发生异常时，就会出现跑电漏电等现象，若不能及时对其进行控制，很容易引发火灾。防火报警系统能够及时地检测出排布在各个楼宇系统中的电力运行状态，并实施远程监控和操作。一旦发生火灾时，便可自动做出消防措施，同时发出报警信号。

（三）安全防护自控系统

现代楼宇建设中，设计了多项安全防护系统，其中包括：楼宇内外监控系统、室内外防盗监控系统、闭路电视监控。楼宇内外监控系统，是对进出楼宇的人员和车辆进行自动化辨别，确保楼宇内部安全的第一道防线，这一监测系统包括门禁卡辨别装置、红外遥控操作器、对讲电话设备等，进出人员刷门禁卡时，监控系统能够及时地辨别出人员的信息，并保存与计算机系统中，待计算机对其数据进行辨别后传出进出指令。室内外防盗监控系统主要通过红外检测系统对其进行辨别，发现异常行为后能够自动发出警报并报警。闭路电视监控系统是现代智能化楼宇中常用的监测系统，通过室外监控进行人物呈像，并进行记录、保存。

（四）网络通信自控系统

网络通信自控系统，是采用 PBX 系统对建筑物中声音、图形等进行收集、加工、合成、传输的一种现代通信技术，它主要以语音收集为核心，同时也连接了计算机数据处理中心设备，是一种集电话、网络为一体的高智能网络通信系统，通过卫星通信、网络的连接和广域网的使用，将收集到的语音资料通过多媒体等信息技术传递给用户，实现更高效便捷的通信与交流。

在信息技术发展迅猛的今天，智能化技术必将广泛应用于楼宇的建筑中，这项将人工智能与建筑业的有机结合技术是现代建筑的产物，在这种建筑模式高速发展的背景下，传统的楼宇建筑技术必将被取代。这不仅是时代向前发展的决定，同时也是人们的未来住房功能和服务的要求，在未来的建筑业发展中，实现全面的智能化为建筑业提供了发展的方向。此外，随着建筑业智能化水平的日渐提升，为各大院校的从业人员也提供了坚实的就业保障和就业方向。

第七节 建筑智能化系统的智慧化平台应用

在物联网、大数据技术的快速发展的大背景下,有效推动了建筑智能化系统的发展,通过打造智慧化平台,使得系统智能化功能更加丰富,极大提升了人们的居住体验,降低了建筑能耗,更加方便对建筑运行进行统一管理,对于推动智能建筑实现可持续发展具有重要的意义。

一、建筑智能化系统概述

建筑智能化系统,最早兴起于西方,早在 1984 年,美国的一家联合科技 UTBS 公司通过将一座金融大厦进行改造并命名为"City Place",具体改造过程即是在大厦原有的结构基础之上,通过增添一些信息化设备,并应用一些信息技术,例如计算机设备、程序交换机、数据通信线路等,使得大厦整体功能发生了质的改变,住在其中的用户因此能够享受到文字处理、通信、电子信函等多种信息化服务。与此同时,大厦的空调、给排水、供电设备也可以由计算机进行控制,从而使得大厦整体实现了信息化、自动化,为住户提供了更为舒适的服务与居住环境,自此以后,智能建筑走上了高速发展的道路。

如今随着物联网技术的飞速发展,使得建筑智能化系统中的功能更加丰富,并衍生了一种新的智慧化平台,该平台依托于物联网,不仅融入了常规的信息通信技术,还应用了云计算技术、GPS、GIS、大数据技术等,使得建筑智能化系统的智能性得到更为显著的体现,在建筑节能、安防等方面发挥着非常重要的作用。

二、智慧平台的 5 大作用

通过传统的建筑智能化衍生为系统智能化,将局域的智能化通过通信技术进行了升级和加强,再通过平台集成将原有智能化各个系统统一为一个操作界面,使智能化管理更加便捷和智能。以下有五大优点。

(一)实施对设施设备运维管理

针对建筑设施设备使用期限,实现自动化管理,建筑智能化系统设备一般开始使用后,在系统之中,会自动设定预计使用年限,在设备将要达到使用年限后,可以向用户发出更换提醒。设施设备维护自动提醒,以提前设置好的设备的维护周期内容为依据,并结合设备上次维护时间,系统能够自动生成下一次设备维护内容清单,并能够自动提醒。并针对系统维护、维修状况,能够实现自动关联,并根据相关设备,实现详细内容查询,一直到设备报废或者从建筑中撤除。能够对系统设备近期维护状况进行实时检查,能够提前了解基本情况,并来到现场对设备运行状态加以确认,了解详细情况,并将故障信息实施上传,更加方便管理层进行决策,及时制定合理的应对方案。例如借助云平台,收集建筑运行信息,并能够对这些信息进行集中分析，例如通过统计设备故障率，获得不同设备使用寿命参照数据，并通过可视化技术以图表形式现实出来，更加有助于实现事前合理预测，提前做好预防措施，有效提升系统设备的管理质量水平。

（二）有效的降低能耗，提高日常管理

将建筑内涉及能源采集、计量、监测、分析、控制等的设备和子系统集中在一起，实现能源的全方位监控，通过各能源设备的数据交互和先进的计算机技术实现主动节能的同时，还可通过对能源的使用数据进行横向、纵向的对比分析，找到能源消耗与楼宇经营管理活动中不匹配的地方，抓住关键因素，在保证正常的生产经营活动不受影响及健康舒适工作环境的前提下，实现持续的降低能耗。同时该系统通过 I/O、监听等专有服务，将建筑内的所有供能设备及耗能设备进行统一集成，然后利用数据采集器、串口服务器，实现各类智能水表、电表、燃气表、冷热能量表的能耗数据的获取。并通过数据采集器、串口服务器或者各种接口协议转换，对建筑各种能耗装置设备进行实时监控和设备管理。针对收集的能耗数据，通过利用大规模并行处理和列存储数据库等手段，将信息进行半结构化和非结构化重构，用于进行更高级别的数据分析。同时系统嵌入建筑的 2D/3D 电子地图导航，将各类能耗的监测点标注在实际位置上，使得布局明晰并方便查找。在 2D/3D 效果图上选择建筑的任何用能区域，可以实时监测能耗设备的实时监测参数及能耗情况，让管理人员和使用者能够随时了解建筑的能耗情况，提高节能意识。在此基础上，还能够完成不同建筑能源的分时—分段计费、多角度能耗对比分析、用能终端控制等功能。

（三）应急指挥

将智能化的各个子系统通过软件对接的方式平台管理，通过智能分析及大数据分析，有效提高管理人员的管理水平。

其中网络设备系统、无线 Wi-Fi 系统、高清视频监控系统、人脸识别系统、信息发布系统、智能广播系统、智能停车场系统等各个独立的智能化系统有机的结合实现：

1. 危险预防能力

通过具有人脸识别、智能视频分析、热力分析等功能，在一些危险区域、事态进行提前预判，有针对性的管理。

全天时工作，自动分析视频并报警，误报率低，降低因为管理人员人为失误引起的高误差。将传统的"被动"视频监控化转变为"主动"监控，在报警发生的同时实时监视和记录事件过程。

热力图分析的本质——点数据分析。一般来说，点模式分析可以用来描述任何类型的事件数据（incident data），我们通过分析，可以使点数据变为点信息，可以更好地理解空间点过程，可以准确地发现隐藏在空间点背后的规律。让管理人员得到有效的数据支持，及时规避和疏导。

2. 应急指挥

应急指挥基于先进信息技术、网络技术、GIS 技术、通信技术和应急信息资源基础上，实现紧急事件报警的统一接入与交换，根据突发公共事件突发性、区域性、持续性等特点，以及应急组织指挥机构及其职责、工作流程、应急响应、处置方案等应急业务的集成。

同过音视频系统、会议系统、通信系统、后期保障系统等实现应急指挥功能。

3. 事后分析总结能力

通过事件的流程和发生的原因，进行数据分析，为事后总结分析提供数据支持，避免类此事件再次发生提供保障。

（四）用户的体验舒适

1. 客户提醒

通过广播和 LED 通过数字化连接，通过平台统一发放，能做到分区播放，不同区域不同提示，让体验度提高。

让客户在陌生的环境下能在第一时间通过广播系统和显示系统得到信息，摆脱苦恼。

2. 信用体系

在平台数据提取的帮助下，建立各类信用体系，也对管理者提供了改进和针对性投入，从而规范市场规则。

（五）营销广告作用

通过各类数据提供，能提取有效的资源供给建设方或管理方，有针对性地进行宣传和营销，提高推广渠道。

不断关注营销渠道反馈的信息，能改进营销手段，有方向投入，提高销售效率，在线上线下发挥重要作用。

三、智慧平台行业广泛应用

依托互联网、无线网、物联网、GIS 服务等信息技术，将城市间运行的各个核心系统整合起来，实现物、事、人及城市功能系统之间无缝连接与协同联动，为智慧城的"感""传""智""用"提供了基础支撑，从而对城市管理、公众服务等多种需求做出智能的响应，形成基于海量信息和智能过滤处理的新的社会管理模式，是早期数字城市平台的进一步发展，是信息技术应用的升级和深化。

在平台的帮助下，各个建设方和管理方能有依有据，能做到精准投入，高效回报，提高管理水平，提高服务水平。

综上所述，当下随着建筑智能化系统的智慧化平台的应用发展，有效提升了建筑智能化运行管理水平，为人们的日常生活带来了非常大的便利。因此需要科技工作者与行业人员进一步加强建筑智能化系统的智慧化平台的应用研究，从而打造出更实用、更强大的智慧化应用平台，充分利用现代信息科技推动建筑行业实现更加平稳顺利的发展。

第八节　建筑智能化技术与节能应用

近些年来，伴随着我国经济科技的快速发展，人民生活水平的不断提高，对建筑方面的要求也变得越来越高。它已经不仅仅是局限于外部设计和内部结构构造，更重要的是建筑质量方面的智能化和节能应用方面。在这样的情况之下，我国的建筑智能化技术得到了快速发展并且普遍应用于我们的生活之中，给我们的生活产生的很大的变化和影响，得到了社会相关专业人员的认可以及国家的高度重视。在本节之中，作者会详细对建筑智能化的技术与节能应用方面进行分析。

随着信息时代的到来，我国的生活各个方面基本上已经进入了信息化时代，就是我们俗称的"新时代"。建筑行业作为科学技术的代表之一，也基本上实现了智能化，建筑智能化技术得到了广泛的应用，并且随着我国环境压力的增大，可持续发展理论的深入，人们对建筑的节能要求也变得越来越高。建筑行业不仅要求智能化技术的应用，在建筑节能方面的应用也是一个巨大的挑战。但是有挑战就有发展空间，在接下来的时间里，建筑智能化技术和节能应用会得到快速发展并且达到一个新的高度。

一、智能建筑的内涵

相较于传统建筑而言，智能建筑所涉及的范围更加宽广和全面。传统建筑工作人员可能只需要学习与建筑方面的相关专业知识并且能够把它应用到建筑物之中便可以了，而智能建筑工作人员仅仅是有丰富的理论素养是远远不够的。智能建筑是一个将建筑行业与信息技术融为一体的一个新型行业，因为这些年来的快速发展受到了国际上的高度重视。简单来说：智能建筑就是说它所有的性能能够满足客户的多样的要求。客户想要的是一个安全系数高、舒服、具有环保意识、结构系统完备的一个整体性功能齐全，能够满足目前信息化时代人民快生活需要的一个建筑物。从我国智能建筑设计方面来定义智能建筑是说：建筑作为我们生活的一个必需品，是目前现代社会人民需要的必要环境，它的主要功能是为人民办公、通信等等提供一个具有服务态度高、管理能力强、自动化程度高、人民工作效率高心情舒服的一个智能的建筑场所。

由上面的相关分析可以得知，快速发展的智能建筑作为一项建筑工程来说，不仅仅是传统建筑的设计理念和构造。它还需要信息科学技术的投入，主要的科学技术包括了计算机技术和网络计算，其中更重要的是符合智能建筑名称的自动化控制技术，通过设计人员的专业工作和严密的规划，对智能建筑的外部和内部结构设计、市场调查客户对建筑物的需要、建筑物的服务水平、建筑物施工完成后的管理等等这几个主要的方面。这几个方面之间有着直接或者间接的关系作为系统的组合，最终实现为客户供应一个安全指数高、服务能力强、环保意识高节能效果好、自动化程度高的环境。

二、应用智能化技术实现建筑节能化

在目前供人工作和生活的建筑中,造成能源消耗的主要有冬天的供暖设备和夏天的供冷消耗,还有一年四季在黑夜中提供光明的光照设施,其中消耗比较大的大型的家用电器和办公设备。比如说,电视机、洗衣机、电脑、打印机等等,另外在大型的建筑物中,最消耗能量的主要是一年都不能停运的电梯、排污等等。如果这些设备停运或者不能够工作,那么就会给人民的生活和工作带来非常不利的影响。由此可见,要想实现节能目标,就必须有效的控制和管理好上面相关设备的应用。正好随着建筑的智能化的到来,能够有效地减少能源的消耗,不但能使得建筑物中一些消耗能源高的设备达到高效率的运营,而且能实现节能化。

(一)合理设置室内环境参数达到节能效果

在夏天或者冬天,当人民从室外进入建筑物内部的时候,温度会有很大的落差。人民为了尽快保暖或者降温就会大幅度的调高或者调低室内的温度,因而造成了大量能源的消耗。因此,根据人民的这个建筑智能化系统就要做出反应,要根据人民的需求及时做出反应,根据室内室外的温度湿度等等进行调整最终实现节能的效果。

由于我国一些地方的季节变化明显,导致温度相差也很大,就拿北方来说,冬季阳光照射少,并且时常伴有大风等等,导致温度过低,也就有了北方特有的暖气的存在。因为室外温度特别低,从外面走了一趟回来就特别暖和,这时候人民就会调高室内的温度,增大供暖,长时间的大量供暖不仅造成了环境污染并且消耗了大量的能源。根据相关数据可得,如果在室内有供暖的存在,温度能够减少一度,那么我们的能源消耗就能降低百分之十到百分之十五。这样推算下来,一家人减少百分之十到百分之十五的能源消耗,一百户人家能减少的能源消耗会是一个大大的数字,其中还不包括大量的工作建筑物;夏天也是有相同的问题存在,室内温度调的过低造成能源消耗量过大,可能我们人体对于一度的温度没有太大的感受程度,可是如果温度能升高一度,那么能源消耗就能减少百分之八到百分之十中间。由此推算,全国的建筑物加在一起,只要室内温度都升高一度,那么我们就能降低一个很大数字的能源消耗,因此,需要建筑智能化需要能够合理地设置室内环境参数已达到节能的作用。

除了我们普遍的居民住楼建筑和工作场所建筑之外,还有一些特殊的建筑物的存在。比如说:剧院、图书馆等等。要根据人流和国家的规定对室内温度进行严密的控制和管理,不能够过高也不能够过低,从而导致能源消耗量过大,切实起到节能的作用。

(二)限制风机盘管温度面板的设定范围

一些客户可能会因为自身对温度的感受能力原因在冬天过高的提高温度面板,在夏天里过低的降低温度从而超出了标准限度。造成了能源的大量消耗,因此,为了达到节能,要对风机管的温度面板进行严格的限制,这时候就要运用到建筑的智能化应用了,采用自动化控制风机管温度面板,严格按照国家标准来执行。

(三) 充分利用新风自然冷源

在信息快速发展的新时代里，要做到物用其尽，智能建筑要充分利用到自然资源来减少能源消耗，起到节能的目的。比如说可以充分利用新风自然冷源，不但可以降低我们的能源消耗，而且效率高，节能又环保。

在夏季的时候，早晨是比较凉快温度较低，并且新风量大，这个时候就可以关掉空调，打开室内的门窗，保持气流的换通。这样不但能够使室内保持新鲜的空气而且能减少空调的使用，给人民的生活带来舒适的同时又进行了节能，在傍晚的时分也可以进行相同的操作。另外在一些人流量比较大的建筑物内比如说商场、交通休息站等等地方，可能会因为人流量多，产生的二氧化碳浓度较高，这时候为了减少能源消耗，可以打开排风机，利用风流进行空气交换，达到一举两得的效果。最后，在一些办公建筑中，人民为了得到更加舒适的室内环境，会提前打开空调让室友进行提前降温，在下班之后一段时间再关掉。据相关数据可得，因为这样的情况造成了全天20%~30%的能源消耗。因此，为了节能减少能源消耗，一些办公建筑内的空调设备的打开和关闭时间要进行严格的管理和控制。

伴随着社会的发展，智能建筑不但融入了大量科学技术的应用。并且更加重视节能方面的应用，尽量地减少能源消耗，起到环境保护的作用，增加我国资源储备，智能建筑的发展要增加可持续发展理念实现为。打造一个安全性数高，舒服、自动化能力强的环境。

第九节　智能化城市发展中智能建筑的建设与应用

随着社会经济的发展和科学技术的进步，城市的建设已经不再局限于传统意义上的建筑，而是根据人们的需求塑造多功能性、高效性、便捷性、环保性的具有可持续发展的智能化城市。在智能化城市的建设与发展过程中，智能建筑是其根本基础。智能建筑充分将现代科学技术与传统建筑相结合，其发展前景十分广阔。该文从我国智能建筑的概念出发，介绍了智能建筑的智能化系统以及智能建筑的发展方向。

在当今的信息化时代，智能化是城市发展的典型特征，智能建筑这种新型的建筑理念随之产生并得到应用。它不仅将先进的科学技术在建筑物上淋漓尽致地发挥出来，使人们的生活和工作环境更加安全舒适，生活和工作方式更加高效，也在一定程度上满足了现代建筑的发展理念，实现智能建筑的绿色环保以及可持续的发展理念。

智能建筑最早起源于美国，其次是日本，随之许多国家对智能建筑产生兴趣并进行高度关注。我国对智能建筑的应用最早是北京发展大厦，随后的天津今晚大厦，是国内智能建筑的典型，被称为中国化的准智能建筑。虽然我国对智能建筑的研究相对较晚，但也已经形成一套适应我国国情发展的智能建筑建设理论体系。

智能建筑是传统建筑与当代信息化技术相结合的产物。它是以建筑物为实体平台，采用系统集成的方法，对建筑的环境结构、应用系统、服务需求以及物业管理等多方面进行优化设计，使整个建筑的建设安全经济合理，更重要的是它可以为人们提供一个安全、舒适、高效、快捷的工作与生活环境。

一、智能建筑的智能化系统

智能建筑的智能化系统总体上被称为 5A 系统，主要包括设备自动化系统（BAS）、通信自动化系统（CAS）、办公自动化系统（OAS）、消防自动化系统（FAS）和安防自动化系统（SAS），这些系统又通过计算机技术、通信技术、控制技术以及 4C 技术进行一体化的系统集成，利用综合布线系统将以上的自动化管理系统相连接汇总到一个综合的管理平台上，形成智能建筑的综合管理系统。

（一）BAS 系统

BAS 系统实际上是一套综合监控系统，具有集中操作管理和分散控制的特点。建筑物内监控现场总会分布不同形式的设备设施，像空调、照明、电梯、给排水、变配电以及消防等，BAS 系统就是利用计算机系统的网络将各个子系统连接起来，实现对建筑设备的全面监控和管理，保证建筑物内的设备能够高效化的在最佳状态运行。像用电负荷不同，其供电设备的工作方式也不相同，一级负荷采用双电源供电，二级负荷采用双回路供电，三级负荷采用单回路供电，BAS 系统根据建筑内部用电情况进行综合分析。

（二）FAS 消防系统

FAS 系统主要由火灾探测器、报警器、灭火设施和通信装置组成。当有火灾发生的时候，通过检测现场的烟雾、气体和温度等特征量，并将其转化为电信号传递给火灾报警器发出声光报警，自动启动灭火系统，同时联动其他相关设备，进行紧急广播、事故照明、电梯、消防给水以及排烟系统等，实现了监测、报警、灭火的自动化。智能化建筑大部分为高层建筑，一旦发生火灾，其人员的疏散以及救灾工作十分困难，而且建筑内部的电气设备相对较多，大大增加了火灾发生的概率，这就要求对于智能建筑的火灾自动报警系统和消防系统的设计和功能需要十分严格和完善。在我国，根据相关部门规定，火灾报警与消防联动控制系统是独立运行的，以保证火灾救援工作的高效运行。

（三）SAS 安防系统

SAS 系统主要由入侵报警系统、电视监控系统、出入口控制系统、巡更系统和停车库管理系统组成，其根本目的是为了维护公共安全。SAS 系统的典型特点是必须 24 小时连续工作，以保证安防工作的时效性。一旦建筑物内发生危险，则立即报警采取相应的措施进行防范，以保障建筑物内的人身财产安全。

（四）CAS 通信系统

CAS 系统是用来传递和运载各种信息，它既需要保证建筑物内部语音、数据和图像等信息的传输，也需要与外部公共通信网络相连，以便为建筑物内部提供实时有效的外部信息。其主要包括电话通信系统、计算机网络系统、卫星通信系统、公共广播系统等。

（五）OAS 办公系统

OAS 办公系统是以计算机网络和数据库为技术支撑，提供形式多样的办公手段，形成人机信息系统，实现信息库资源共享与高效的业务处理。OAS 办公系统的典型应用就是物业管理系统。

三、智能建筑的发展方向

（一）以人为本

智能建筑的本质就是为了给人们提供一个舒适、安全、高效、便捷的生活和工作环境。因此，智能建筑的建设要以人为本。以人为本的建筑理念，从一定程度上是为了明确智能建筑的设计意义，明确其对象是以人为核心的。无论智能建筑的形式如何，也不管智能建筑的开发商是哪家，都需要遵循以人为本的建设理念，才会将智能建筑的本质意义最大限度地发挥出来。

日本东京的麻布地区有一座新型的现代化房屋，该建筑根据大自然对房屋进行人性设计，充分体现了以人为本的特性。建筑物内有一个半露天的庭院，庭院内的感应装置能够实时监测外界天气的温度、湿度、风力等情况，并将这些数据实时传送至综合管理系统进行分析，并发出指令控制房间门窗的开关以及空调的运行，使房间总是处于让人觉得舒服的状态。同时，如果住户在看电视的时候有电话打进来，电视的音量会自动被调小以方便人们先通电话且不受外界影响。计算机综合管理系统智慧房屋内各种意义互相配合，协调运转，为住户提供了一个非常舒适与安全的生活环境。

（二）绿色节能

智能建筑利用智能技术能够为人类提供更好的生活方式和工作环境，但人类的生存必然与建筑紧密相关，其建筑行业是整个社会产生能耗的重要原因。因此，我国提倡可持续发展的战略思想，而绿色节能的建筑理念正好与可持续发展理念相契合。智能建筑作为建筑行业新兴产业的领头军，更应该与低碳、节能、环保紧密结合，以促进行业的可持续发展。智能建筑在利用智能技术为人类创造安全舒适的建筑空间的同时，更重要的是要实现人、自然与建筑的和谐统一，利用智能技术来最大限度地实现建筑的节能减排，促使建筑的可持续发展，这样才能长久地服务于人类，实现真正意义上的绿色与节能。

北京奥运会馆水立方的建设，充分利用了独特的膜结构技术，利用自然光在封闭的场馆中进行照明，其时间可以达到 9.9 个小时，将自然光的利用发挥到极致，这样大大节省了电力资源。同时，水立方的屋顶达能够将雨水进行 100% 的收集，其收集的雨水量相当于 100 户居民一年的用水量,非常适用北京这种雨水量较少的北方城市。水立方的建设,充分体现了节能环保的绿色建筑理念,在满足人们工作需求的同时,也满足了人们对于绿色生活和节能的全新要求。

  智能化城市的发展离不开智能建筑的建设。智能建筑的建设应该充分利用现代化高科技技术来丰富完善建筑物的结构功能,将建筑、设备与信息技术完美结合,形成具有强大使用功能的综合性的建筑体,最大限度地满足人们的生活需求和工作需求。但智能建筑可持续发展的前提是要满足时代发展的要求,这就要求智能建筑在保证建筑功能完善的同时也要响应绿色节能环保的社会要求,以实现建筑、人、自然长期协调的发展。

第六章 建筑工程装饰装修技术

第一节 建筑工程装饰装修质量通病

社会经济水平的不断提升，人们对住的要求也越来越高，建筑工程的装修质量是人们在购房装修时关注的焦点。建筑工程装饰装修的质量对住房的美观度、舒适度产生较大的影响，在施工过程中有必要采取一定的措施对建筑工程的装饰装修质量进行控制。本节就建筑工程装饰装修中出现的质量通病，研究如何解决这一问题，从而提升装修的质量。

城市化进程的加快使得越来越多的人涌入城市，也伴随着大量的购房和装修的需求，房屋的装修质量影响到业主居住环境的舒适度和房屋设计的美观度，因此很多业主都非常关注装修的质量。然而在实际的装饰装修施工过程中，装修设计与实际的装修施工质量具有一定的差距，建筑工程装饰装修的过程受到多方面因素的影响，存在多种通病和问题，影响房屋装饰装修质量，不利于居住环境的改善，因此对建筑工程装饰装修的质量控制很有必要，本节研究了装饰装修施工中常见的弊病，并提出了针对性的解决措施和防御办法。

一、建筑施工内墙装饰的质量问题

内墙净料装饰装修存在多方面的质量问题，下面就常见的质量问题展开论述：

涂料质量问题使涂抹发花、颜色不均匀。由于涂料本身的质量原因，在使用中颜料的密度相差过大，使密度小的颜料漂浮在涂层的上方，而密度大的颜料颗粒沉淀在下方，颜色出现了分离从而产生了一定的浮色。涂料中颜料分散不均匀也容易使颜色发花，从而造成条纹色差的产生。施工的技术也对涂抹的表层具有一定的影响，如涂刷不均匀使墙面涂抹的厚薄度不均匀，在涂刷时容易产生条纹色差。另外，在涂料配料时由于颜料与基料的比例不适合，导致墙面的颜色不均匀。

内墙砖粘贴饰面出现开裂、脱落和起皮。导致这一现象出现的原因有涂料勾兑比例不合理、涂料质量过差、基底层不洁净含有污垢、基地的腻子质量差，另外基地层过于光滑使涂层的附着力不够、二道保护层上的时机不成熟，使内墙砖粘贴的饰面不稳定，粘贴难度高且容易脱落。

二、建筑工程的内墙饰面砖施工

内墙饰面砖工程施工首先要掌握实际内墙饰面砖的类型，内墙饰面主要包括石材饰面板、金属饰面板和面砖等，砖类饰面分为陶瓷面砖包括釉面此状、陶瓷锦砖等饰面砖，可以对饰面进行装修设计，从而满足墙面的设计需求。内墙饰面的目标是美观、高效、经济、实惠，特别是建筑物中的厨房墙砖、卫生间墙等实行高效的设计和排版调整。在施工的过程中要注意瓷砖中心的对应，在设计的过程中要实现对施工的尺寸做好测量，这样就能够建立样板房，从而有利于地砖砖缝线以及样板房的建设，确定了作业的排班以后，实现墙面的平整、洁净和色泽一致，在墙面瓷砖的接缝处应确定好排版，使工程建设质量满足实际内墙饰面建设的需求。

内墙饰面砖的施工流程为基层清理—吊垂直、套方、找规矩、贴灰饼—打底灰抹找平层—排砖—分隔、弹线—浸钻—粘贴饰面砖—勾缝与擦缝—清理表面。在内墙饰面砖施工时要从基层清理开始将整个饰面砖施工流程质量落实到位，其中基层清理指的是将混凝土基层中的墙面突出部分整平。

三、建筑工程铝合金外墙质量问题

渗漏是建筑工程铝合金外墙常见的弊病，而导致这一现象的主要原因是土建施工和安装施工的细节不到位，相互之间的配合程度过低而导致建筑工程出现质量问题的。铝合金外墙常见的质量问题表现有：第一，土建施工存在多方面的漏洞。（1）施工未按照设计要求进行，安装中常常出现尺寸的偏差，使得最终的装修效果不能满意；（2）混凝土的质量较差，在装修的过程中经常出现开裂的现象；（3）施工人员的技术不娴熟；（4）对施工现场的监督力度不够；（5）混凝土浇筑以后养护的时间和力度不达标。

第二，铝合金安装的问题。（1）铝合金材料的质量不到标，如刚度、厚度不够等；（2）安装技术不到位，铝合金外墙中的缝隙没有很好的填充；（3）铝合金加工的质量不合格，存有不平整和不合格的装修质量；（4）安装人员技术水平较低；（5）安装现场管理和监督不到位使得质量得不到控制。

第三，结果硅酮胶质量差异使得铝合金外墙出现严重的渗漏现象。由于受到利益的驱使，建筑市场上的硅酮胶质量的水平差异较大，硅酮胶的选择也比较困难，一旦选用了质量差的硅酮胶质量，那么就会对墙面产生渗漏等问题。

第四，施工现场中的土建与铝合金安装的配合度较低，二者的衔接度差使得工程的质量问题频频出现，土建与铝合金安装不协调给建筑的安全程度带来了潜在的威胁，使房屋的安全程度降低。

四、建筑工程装饰质量通病的防治

建筑工程装饰装修中的质量问题影响建筑物的美观、耐用性和舒适度，建筑物在实际设计中要对上述的质量问题进行认识和防治。

（一）加强建筑工程装饰装修设计

装饰装修实际是建筑师的木质和关键，在施工装饰装修的过程中要重视设计的质量关卡，建筑工程装饰装修要想提高本身的质量，首先要完善设计的内容，加强对设计的设置，如设计中的每一个环节、步骤和工序以及材料、技术要求等,在实际的建筑应用中能够起到发挥本身的优势。

(二)内墙施工队伍的选择

内墙饰面的质量与建筑空间居住的舒适度有很大的关系,而内墙饰面施工质量的主要控制要素是人力,建设一直施工技能水平娴熟、有序、遵守规定、高效的施工队伍,对于装修质量水平的提升具有重要的作用。在一项工程建设立项批准以后,就要经过必要的招投标或议标来选择相应的施工队伍,选择的标准要看观察施工队伍所介绍的技术力量、设备和资金的状况以及后续拟承担的施工措施。另外,要查询施工单位的设备、技术力量、企业等级和资格证书是否合格;施工队伍已经竣工交付使用的项目的施工质量和现场管理情况;走访已经交付工程的甲方,了解施工单位的信誉,最终施工队伍的选择应根据合理的标价、工期短、施工质量优和信誉高、素质好的指标来选择施工的队伍。

(三)装饰装修现场的管理

施工现场的监督与管理有利于对装修的质量进行监控,具体的管理水平可以就这几个方面展开。

首先,项目经济负责制度。对施工现场的直接管理是装修管理的重要环节,拥有一个业务能力强且管理水平高的项目经理会发挥更大的作用。项目经理的资质是应经过国家等级的培训,在建筑工程项目考试合格且拿到经理证书的人员,具有熟练的管理知识和管理能力,可以对施工现场进行很好的把握。

其次,施工质量管理的现场管理应设定质量检验员。质量检验员的作用是对施工现场的质量进行检验,在根据标准监测、坚持原则、严格审查的前提下,要对施工现场出现的各个工序进行严格的审查,确保每一项施工工序的质量符合技术标准,从而保证装修的质量。

再次,加强施工装饰现场的监督管理。施工装饰装修现场施工是一个较为复杂的过程,该过程对质量的要求很高,为了防止施工人员怀有偷懒的心理,应加强对施工现场的监督与管理。监督的内容主要是交给工程监理公司来完成,借助专业的监理人员对施工现场实施有效的管理和沟通,最终能够实现工程验收合格的目的。

最后,是装饰装修工程的验收管理。验收是装修施工完成的最后一道工序,验收的管理内容是施工企业的自查验收,通过科学高效的验收过程,从中发现不合理的施工质量问题,从而做最后的更改,从多方面确保施工质量水平的提升。验收的内容包括了施工材料、内外墙体的装修状况等,在发现问题以后应采取及时有效的修正措施。

建筑工程的装饰装修应重视质量的提升,把握好施工过程中的每一个方面和步骤,实现科学合理有序的施工步骤以及对现场严格管控质量的模式,这样有利于装修工程质量水平的提升,保证建筑的质量效果。对建筑装饰装修中存在的通病进行分析并针对性的解决存在的问题,不断地完善建筑工程中的装饰装修质量,实现更佳的装修效果。

第二节　建筑工程装饰装修设计问题

主要从当前我国建筑装饰装修设计过程中存在问题展开了系统性的剖析，进而对建筑工程装饰装修设计过程中应当遵循的原则做了说明，最后针对当前存在问题提出了几点措施，以便更好地处理好当今装饰装修设计过程中常见问题，进而给人创设出温馨、舒适、轻松的居住环境。

一、试析当前我国建筑装饰装修设计过程中存在问题

室内空间利用缺乏合理性。就目前来讲，我国普通居民住宅通常只有2.6米的净高，另外，还有相关研究资料显示，这个高度会使人具有压抑感，甚至可以说已经超过了人类心理承受能力人限值。但随着社会和城市化进程的不断发展，越来越多青年人更青睐于小面积住宅。同时他们在进行装饰装修设计过程中还会设置相应的墙裙和吊顶等，这种设计在一定程度上会使户型显得比较紧凑，在这种环境下居住就极易使人产生压抑，长此以往还会对人们身心健康受到影响。

在通风、采光方面不足。在现如今的装修设计过程中常常会使用密封性比较好的门窗或是有色玻璃，这样一来就对室内采光及通风方面造成一定的影响，致使在装修完成后室内光线较差，日照不够以及通风不顺畅等问题出现。另外，现今的装饰材料很多都是由人工合成的，其中含有大量有害物质，这种设计方式并不利于有害物质的排放，进而对人们身体健康造成一定影响。

欠缺节能意识。节能设计通常客户在前期是看不到的，客户更是感受不到，同时设计人员对这方面要求往往也不够重视，对于节能设计方面的认识和技术了解并不多，这样一来就会导致在进行装饰装修设计过程中的节能理念难以得到有效的应用。

二、试析建筑工程装饰装修设计过程中应当遵循的原则

保证室内装饰装修具有功能性。对建筑物室内装饰装修设计最为主要的目标就了为了更好地使用其各项功能，因此，在进行具体的装修设计时应当切实将其功能性摆在重要的位置，这同时也是建筑室内装饰装修设计中的主要设计思路。根据室内情况的不同也有着各种不同的设计方式，但相同的都是为了更好地满足于建筑室内各项功能的利用，只有这样才能全面确保装饰装修得以充分发其效能。

保证室内装饰装修具有整体性。对于建筑室内装饰装修设计来讲，应当充分体现其室内装修的特点。一般来讲，无论是室内装修还是室外装修都需要在具体设计时具有相对完整的构思，如果建筑物外部相对较为时尚的，可以在其室内装修过程中采用现代化设计；而如果其外部相对复古一些的，可以在其室内装修过程中设计复古风。所以，在对其进行装饰装修设计时应当对这方面的整体性内容也纳入到考量范围内。

保证室内装饰装修具有艺术性。对于建筑物室内装修的艺术性来讲，其主要是应当注重审美性原则，同时还具有一定的工艺性。不管是什么样的建筑物，可以说都有其自身的特点，所以，每一个建筑物都有着其不同的审美特点，因此，在进行建筑室内装饰装修设计过程中应当将其室外设计也做适当的考量，这对于建筑室内装修的艺术性具有一定的帮助。需从建筑整体风格方面来做好各细节方面的处理工作，进而对其装饰装修的整体艺术感及审美特点具有一定的帮助。而其工艺特点则需要从其所选用的材料上面去体现。在对室内进行装饰装修设计过程中应当对其主题进行明确，从而有效地保证从始至终都得以向该主题方向发展。

三、试析装饰装修设计的有效措施

对室内空间设计加以重视。在对建筑室内装修进行具体设计前，应当对建筑物整体结构及格式等进行深入研究与分析，从而更好地掌握其自身特点，进而更好地使其室内空间得以充分发挥其功能，同时更好地把握室内装修的功能性和美观性，使其得以有效地契合。当对其室内寒意进行合理规划后，还需对其室内装修进行量多加细致的设计。同时，在进行设计过程中还需对该建筑室内整体结构进行仔细认真的把握，确定好室内装饰装修设计的主题，以便更好地从该建筑室内的功能、整体以及艺术性三大原则进行研究与设计，从而使室内装饰装修设计得以实现最优化。

对室内采光加以重视。对于室内设计来讲，自然环境也是十分重要的因素，因此，在进行具体设计时应当对其室内自然光线进行考量，尽可能地使室内显得更加通透明亮，从而给人一种宽敞明亮的视觉体验，使人们的生活更加温馨与舒适。所以，相关设计人员应当对室内采光问题加以重视，尽可能地科学合理地利用好自然采光，以使建筑室内整体舒适度得到进一步提升，从而更好地满足当今人们对于居住环境的需求，同时也可以充分体现出设计人员的设计水平。

在装修设计过程中融入节能理念。在室内装饰装修中的节能设计是指在室内设计过程中既要保证室内结构、环境能够给人一种温馨舒适的感觉，又要充分体现出节能、环保理念。在现今的节能设计中，通常都是从装修技术方面着手进行的，其综合了房屋、保温隔热、节电、采光以及室内布局等各个方面。在确保建筑室内设计各项功能得以有效发挥的同时，还要实现节能环保目标。在装修设计过程中进行科学合理的对室内空间进行布局，可以使室内采光、通风等得以实现最优化，这样的室内环境也更清爽舒适，同时还可以减少一定的电能消耗。

综上所述，现今人们生活品质正在不断提升，人们对于各方面的需求也是不断提高，特别是在人们居住环境方面的要求就更高了。人们都向往着宁静、自然，使人们不论是身体还是心灵上都得以有效地放松的良好居住环境。

第三节　建筑工程装饰装修施工的关键技术

我国的建筑领域在近些年来高速发展，取得了不小的成就。而针对建筑工程，其中一项关键性的工作流程就是装饰装修，由于这项流程对整个工程都起到了至关重要的影响，因此，施工企业必须重视装修装饰，来确保整项工程完美收工。本节就如何提高装饰装修技术进行深入探讨。

建筑工程的装饰装修对整个工程最终的使用以及整体感观有着非常明显的影响。随着人们生活水平的提高，人们的审美水平以及情趣爱好都有着非常大的变化，因此，如今的装饰装修在建筑结构、建筑质量以及使用性能各个方面都提高了相当大的层次。因此，追求更高水平的装饰装修对整个建筑行业的良好发展都起着重要作用。

一、针对建筑工程中装修装饰施工的技术要求

对原材料技术的要求。在进行装修装饰工作时，材料的筛选是相当重要的一步工作。如今随着工艺技术的不断发展、建筑类型的不断增加，除了原来的木材、玻璃、陶瓷等传统原材料，塑料高分子等深加工材料也不断应用于建筑装修之中。不同的原材料对技术工艺的要求不一样，同时也有着不同的质量要求，这就需要建筑师根据具体施工的变化合理调整原材料的占比。下面以几种常见的原材料做例子：一、木材，木材相对较脆，不能承担较大的重量，同时由于木材易受潮等特点，所以在使用之前先对其进行性能分析以及针对南方多雨潮湿天气增加防水性等措施；二、石材，由于石材稳定性好，所以多用于阳台、厨房等台面，但是在厨房或者卫生间使用时，需要根据具体的使用途径进行分析，对特殊用途的石材采取增加耐腐蚀性等性能；三、高分子无机材料，作为现代化工技术进步的产物，塑料等无机制品在人们生活中得到广泛应用，同样在建筑领域也逐渐为人们所用，但由于无机高分子材料毒性大，因此在使用过程中应做好对其毒性、空气污染程度等方面的分析，避免在使用过程中产生有毒物质，危害人们健康。

对建筑装饰工程设计构造的要求。前期的总体设计与构造奠定了一个建筑的基础，更是影响了其中的美观程度与内部空间的配置情况。如今由于人们审美水平的提高，人们对建筑设计的要求也不断增加，其中对美观程度、舒适性、空间分配、艺术性等诸多方面都提出了新的要求，这也间接性地增加了建筑施工的难度系数。在建筑过程中，建筑装饰装修并不是一成不变的，而是随着建筑空间之间的联系以及户主的要求发生不断变化的。建筑工程进行装修装饰的很大一方面是为了提高户主的主观舒适程度，因此就要做到对建筑空间进行合理划分以便增加其舒适性。建筑公司可以通过改变空间比例以及增加装饰物等措施来增强人们的舒适性。这就要求设计者在设计之初充分考虑到户主的需求来进行相关的分析工作，以便更好地满足户主的需求以及达到更高的工程质量。

二、装饰装修过程中的关键技术

吊顶装饰技术。在进行吊顶装饰之前施工者需要知道房间的相关数据，例如吊顶的标高以及净高等，然后早标高周围部分弹线，与此同时做好标记龙骨分当线的工作。龙骨的安装是需要格外引起注意的，施工人员应根据实际需求位置以及距离来进行安装，假如施工计划中没有对龙骨安装进行详细说明，那么实际操作总，施工者应当以房间跨度的2%安装龙骨；另外在安装次龙骨的过程中应将其与主龙骨贴紧，同时也要合理把握龙骨与吊杆之间的距离。

做好防水施工技术。防水施工例如卫生间内的防水工作是相当重要的一步。由于卫生间内有着水管的存在，所以通常会连带着有大量积水。对于这种情况，无论是施工前还是施工后施工者都应将防水工作放在首位，避免漏水情况的发生。鉴于卫生间空间狭小，设施又比较多，所以对施工者的专业性提出了更高的要求。施工人员必须严格按照操作流程进行施工。

地面施工技术。在某些地面例如水泥地面的施工中，施工者应提前做好材料的选型工作，并在施工时对水泥以及沙子的质量进行调控，以免后期工作产生问题。进行调控时，一定要把握好两者之间的比例关系，通过反复试验来确定好最科学的配比，从而达到最佳的性能，来使得水泥地面的坚硬程度达到更高要求。这一部分工作流程包括，首先，打扫好地面卫生，对地面杂物进行清理，防止其对后续的工作造成影响。其次还要设置好标高，来提高工程的标准化程度。在水泥快要凝结的时候要安排好机械对其进行夯实处理，来提高地面的稳定性。最后，还要对处理后的路面进行刮平等处理工作。值得说明的是，整个过程需要三次压光工作，其中第一次应该在抹平立刻进行，如果出现泌水的情况还要准备沙子进行二次处理。而第二、三次压光是为了得到一个更加平整的地面。

三、装饰装修施工质量的控制对策

对原材料的要求。鉴于原材料对装修工作的重要性，采购部门必须严格把控采购流程，防止质量较差的原材料被用于装修工作。相关工作人员可以采取样品抽检的方法来检验原材料的质量是否过关，在抽检的过程中一旦发现质量问题，采购人员都应如实记录并将劣质原材料进行更换。工作人员还要对生产厂家的生产合格证书、质量检验报告以及生产许可进行检查，以便筛选出一部分假冒厂家。在收到施工材料之后，施工方还要做好材料的存放工作，避免施工材料出现受潮等情况，还要做好防火防盗的工作，保证原材料的质量。

采用电气工程智能化管理。从总体来看，智能化电气工程已经被广泛应用于各个领域，其中就包括建筑过程中的装修装饰技术，智能化技术包括全天候监控技术、GPS定位技术等，在进行装修时，例如灯具的安装，就可以采用智能化技术来达到更好的灯光效果。

尽管装修装饰工程作业面小，没有涉及大规模机械操作，但是对设计者要求更高，要求能更好地把握好细节，同时也需要施工者进行更高层次的技术升级与改造，采购更加高质量的施工材料，方能使装修装饰的效果更加完美。在当前阶段，施工者更应注重创新技术的发展，将更多的创意运用在工程的装修装饰之中。

第四节　住宅建筑工程装饰装修施工技术要点

随着社会的飞速发展，我国的经济也发展迅速，人们的生活水平也越来越好。而住宅建筑作为人们的私人生活区域，人们对于住宅建筑装修要求也越来越高，对住宅建筑装饰装修的关注度也大幅提升。因此住宅建筑的工程在施工过程中，要严格按照施工标准进行施工，施工人员要不断加强自身技术，加强施工质量，为人们提供安全舒适的生活环境。本节从当前群体住宅建筑装饰装修工程技术中存在的问题进行分析，并提出了相应的解决办法，以供参考。

住宅建筑装修是指用各种材料或饰品，采用绘画、雕刻等方法进行不同的组合搭配，来渲染某种环境的文化主题，能更加体现建筑艺术的特性。住宅建筑作为个人生活领域，人们对其要求较高。不仅要求房屋布局合理，装饰装修上，人们也越来越重视。住宅装修好坏对居住者产生巨大影响，对其工作和生活都能产生不同程度的影响，因此设计人员在进行装修设计的时候，应该遵循人性化理念，保证光照、透气性等条件，给人们创造一个舒适私人生活区域。

一、建筑装饰装修工程施工的特点

施工时长。住宅装修相对于建筑本身的建设，施工周期较短。目前我国的住宅建筑装饰装修与建筑建设一般情况下是同时进行的，由于建筑建设进度问题，住宅装修在施工时长变短的情况下，还要确保施工质量符合规定，因此对于装饰装修的质量要求更高了。无形中加大了施工人员的施工难度，对施工人员的技术要求也有所增加，施工人员必须具备一定的施工操作能力。

施工材料。住宅建筑装饰装修需要用到大量施工材料，而装饰装修工程本身就具有一定程度的难度，所以更要重视施工材料，从采购到运输、储存都要严格监管，避免出现材料为粗糙烂制的劣质材料。以保证施工过程中不会出现材料不合格导致的相关问题，在工期内完成施工任务。

施工类型。住宅建筑装饰装修包括非常多的施工类型，例如电力施工、土木施工、供水排水施工等，在进行这些施工类型时，需要各部门相互合作，才能更好地保证住宅建筑装饰装修的质量。所以在住宅建筑装饰装修施工过程中，各部门之间应该合理分配工作，施工过程中多沟通，相互配合，减少施工中的矛盾，保证施工过程的顺利进行。

二、装饰装修工程施工技术要点

装饰抹灰工程。装饰抹灰作为装饰施工中最基础的工程，一定要按照一定的施工顺序来。一般是先进行基层清理，将表面的尘垢、油污等清理干净。如果基层清理工作不到位，会很大程度影响基层装饰环节的施工质量。做好基础清理后，要进行细部处理，即安装门窗、护栏等基础设施，处理好建筑施工过程中留下的孔洞、缝隙等问题。最后要分层抹灰，分层抹灰是指在抹灰工程中，用来保证抹灰质量的方法。抹灰工程的质量决定了房屋建筑的面层情况，因此一定要注意抹灰工程的质量，避免出现脱层、空缺等问题的出现。

地面处理技术。地面处理施工类似于基层清理，但是主要针对房屋建筑工程的地面进行施工处理。先将房屋地下的排水暗管、沟槽等进行处理，清理出脏东西，使其能正常工作，然后再对房屋地面上的抹灰、铺设等进行施工。在施工过程中，施工人员要做好有效控制施工环境温度，保证施工材料能够在最佳施工质量控制温度中。

轻质墙体工程。轻质墙体施工就是用墙体对房屋建筑面积进行空间合理分配。轻质隔墙材料的施工时，要等黏接在其黏接材料完全干燥后，才能够进行下道工序的施工。轻质隔墙施工结束后，要进行验收工作，检测其表面是否有起皮、空鼓即开裂的现象，如有，则要进行及时的修补工作，以免影响轻质隔墙的效果及安装质量。施工人员要根据隔断墙题的位置进行固定、施工，处理节点。在施工过程中，要注意墙体链接的精准、平整、垂直、牢固。还要对施工问题进行全封闭处理，进行安全检测。

门窗工程。门窗是家庭中重要的安全保障，除了有通风、安全以外还有为家居填充装饰效果，而门窗安装的同时步骤很重要：门窗安装必须按设计预留门窗洞口尺寸，门窗外框与洞口应弹性连接牢固，不得将门窗外框直接埋入墙体，不得采用边安装边砌口或先安装后砌口的作业方式；对轻质墙体材料砌成的洞口，应在洞口周边或连接处作相应处理，确保连接可靠，严禁连接件直接与轻质砌块连接固定；安装滑撑时，必须使用不锈钢螺钉。加强钢板可靠连接，连接处应进行防水密封处理。

外墙工程。外墙抹灰工程施工前应先安装钢木门窗框、护栏等，并应将墙上的施工孔洞堵塞密实。设计无要求时候，应采用1∶2水泥砂浆做暗护角，其高度不应该低于2m，每侧宽度不应小于50mm。严禁抹灰砂浆超过2小时仍然使用或使用过期作废和受潮结块水泥。对进场材料进行验收严格把关，检查水泥品种是否符合要求，是否已过保质期，并要观察检查水泥外包装是否已破裂，受潮结块，如有此类状况不得使用。严格按照设计砂浆配合比进行搅拌，不得随意调整。

三、施工过程中的相关安全措施

施工过程中，要明确各工程先后顺序以及各工程之间的关系。每个工程都相互依赖，一旦有其中一道工序没有认真完成，将给整个工程带来严重影响。工作人员需了解各个工程之间的联系，树立系统性理念，各个部门相互配合完成整个工程。建筑装饰装修工程本身具有一定的技术难度，所以施工人员要不断提高自己的施工操作技术，严格遵守施工要求，及时解决施工过程中出现的问题，严格把控施工材料的采购、存放等各个环节，以保证整个施工过程中不会出现施工材料相关问题。

综上所述，随着社会的进步和时代的发展，人们的收入水平也逐步提高，住房要求也逐渐提高，住宅建设项目种类越来越多，住行是人们生活不可或缺的一部分，住宅内部结构和周围环境也受到消费者的深层关注,一般来说,住宅装修都是在房屋建筑施工完工后,再进行装修,房屋装修程度的好坏直接决定了居住的舒适程度,对建筑工程也有非常大的影响。因此,在进行住宅装修时,保质保量,满足居住者对住宅装修的各种需求,促进我国建筑行业的健康发展。

第五节 建筑工程装饰装修细部构造注意事宜

随着国民经济的发展,对建筑领域提出了更高的要求。近年来,人们越来越关注建筑工程装饰装修,希望建筑质量能够增强,建筑的实用功能能够不断完善。本节主要对建筑工程装饰装修细部构造的内涵进行了解,提出装饰装修细部构造的设计原则,并以此分析其设计方法,对每个建筑设计其独特的风格,选定合适的材料,确定构造的尺寸,从整体上把控构造设计,从而让装饰装修的效果达到理想标准。希望可以为实际施工提供参考,促进我国建筑行业和装饰装修的发展。

每一项工程建设都是一个整体的、系统性的工程。在工程设计时都会注意装饰装修的内部构造,在保证建筑安全和使用功能完善的基础上,增加建筑视觉效应给人们以美的享受。装饰装修细部构造要把人们预想中的样子变为现实,化虚为实,本篇文章主要对装饰装修细部构造进行具体研究,希望可以促进建筑装饰装修工艺的进步。

一、建筑工程装饰装修细部构造概述

建筑工程装饰装修细部构造主要是利用一些装饰装修材料,对建筑物内部、外部和空间上进行装饰装修处理,这样做一方面是为了保护建筑物,这是建筑工程装饰装修的基础功能;另一方面是实现美化建筑物的建筑装饰目标,并且完善建筑物使用功能。加强建筑工程装饰装修细部构造研究,在实际建筑装修处理中可以更好地对建筑物内外进行布置,让人们达到视觉上的享受,从而提高建筑的质量和人们的满意度以及生活舒适度。建筑施工装饰装修完成之后,对其细部再次进行装饰处理,会改善原来装饰中的缺点问题,使房屋建筑更符合人们生活需求。

在建筑工程装饰装修细部构造中,要把握实用功能性原则和安全可靠性原则。建筑装饰装修以后对内外环境空间的使用是对建筑装饰装修评价的重要依据。在细部构造设计中,越能展现出建筑工程内外空间的使用功能,则说明装饰装修的效果更好。否则就是装修效果差,不能满足人们需求,装修不符合标准。安全可靠性原则就是在建筑结构整体构造的安全可靠基础上,其装饰装修细部构造也要保证安全可靠,符合人们的基本需求,充分展现其耐久性和适用性。

二、建筑工程装饰装修细部构造的设计原则

为了更好地进行建筑装饰装修，对建筑装饰装修细部构造就要坚持以下六点设计原则。

第一，在建筑细部构造设计中保证足够安全坚固。房屋足够安全，人们住着才会舒心，在设计装饰装修细部构造方案时，首先要保障建筑主体结构的坚固性，必须对选用的材料进行严格审查，保证有合格的刚度强度，保证建筑主体和装饰装修细部构造的安全牢固性。

第二，设计装饰装修细部构造时要保证材料的选择足够合理。现在国家倡导绿色化发展，所以在装饰装修细部构造原材料考虑上就要考虑那些节能环保的材料，在满足安全性的基础上，进行节能减排，保护环境，提高人们意识，提高建筑美观。

第三，装饰装修细部构造要实现装配化施工。在工程建设过程中实现装配化施工已经成为国家发展趋势，顺应时代潮流在建筑行业实现机械化、一体化、批量化，从而促进施工建设工作的协调开展。

第四，在装饰装修细部构造的设计中要保持相关专业的协调。建筑装饰装修作为一个整体，它其中包含着土建、安装、智能、消费、暖通等多个专业，所以在设计时要统筹考虑从全局出发，加强相关专业的协调，对于一些不必要的矛盾问题及时预防，促进装饰装修工作的顺利进行。

第五，装饰装修细部构造设计要方便工程检修。在设计中不仅要关注前期的施工和人们对建筑美观要求，还要重视工程后期的维修检查工作，为一些线路管路留存余地，方便以后的工作。

第六，装饰装修细部构造设计要实现物美价廉的目标。这里说的物美价廉不是平常所说的质优价廉的商品，而是在建筑装饰装修细部构造中能够利用新工艺，新材料，新技术，创作出一种新颖独特极具美观的给人以美的享受的建筑装饰装修效果。由此可以看出，此时的物美价廉就是指在安全性基础上，以最低的成本实现建筑物最大的美观度。

三、建筑工程装饰装修细部构造的设计方法

设计风格。一个完美的装饰装修细部构造设计，它的设计风格决定了它的质量。确定工程构造的风格，就是对工程构造方案进行整体的把控，确定装饰装修后整体的环境情调，而且装饰装修工作人员在实际操作中要不断向这个目标迈进。工程构造的设计风格是多样的，它会随着人们的需求而变得厚重或者轻松。但是从厚重和轻松这两大类中又可以具体划分，厚重里面又分为古朴、高贵、典雅等，所以这些细小的差距，只有在设计构造中体现出来才能逐渐呈现在人们眼前。

确定构造材料。首先确定了设计的风格就要进行装饰装修细部构造材料的选择。工程构造，材料的选择也是有几个考虑指标，像材料的材质、材料的档次和材料的性能这些都是材料选择的参数依据。在工程构造材料材质的选择中主要是考虑其是有机材料还是无机玻璃；对于材料档次，主要是考虑的价格方面；材料性能是优良或者普通。从当前我国装饰材料应用实际中可以看到，大多数人们还是使用那些节能环保，绿色，科学的材料来满足需求，但是他们在选取这些材料时同样关注其价格。

确定构造尺寸。我们都知道工程构造尺寸会直接影响工程装饰装修的效果和工程造价成本。这样构造尺寸方面有这样一个实际经验，那就是材料尺寸越大，它的构造效果就不会很碎，这样工程构造成本也就比较高。在实际建筑工程，装饰装修细部构造时，都会结合建筑工程实际的特点和人们的构造需求来确定构造的尺寸。在构造尺寸确定时要注意三方面：首先，一方面是在空间上不能出现小于一半材料情况；第二方面是要对贵重材料，充分利用；第三方面是在施工叠加材料时注意把握厚度和平面关系，把握和尺寸为后期相关工作留有空间。

技术要素的整体设计。所谓技术要素整体设计，就是在装饰装修细部构造设计时对水电、风暖等多种技术要素整体规划，下面进行具体讲解。

第一空间环境设计。在民用住宅设计装修通常的设计风格都是以实用为基础，比较简单。所以在对空间环境设计时要从它的设计风格角度出发，对建筑的装饰材料、照明、色彩等方面在满足其基本需求基础上进行合理选择。不同环境需要有不同的氛围，在技术要素考虑中不能仅仅考虑成本，例如那些娱乐场所和会馆，它们对建筑装饰装修的空间环境要素要求很高，所以就算某一设计方案成本高也要为了满足企业基本需求而使用此方案。

第二空间形态设计。空间形态构造上也是适应不同建筑需求条件的，空间形态上的不同，所以其构造设计也就有不同。像一些学校和宿舍为了实现整齐划一，利用相同的排列方式，体现了房屋构造的整体性；而像展览馆这样的建筑，就会采用序列空间组合，这样的空间形态布置也是为了让人们能够按照顺序依次进入各个空间，每个空间连接性很好，有很多的走廊、门厅等。

第三空间关系设计技术要素。空间关系整体设计把控时，要根据其特点和使用功能具体进行构造设计。建筑装饰装修主要是对室内和室外以及使用空间装饰处理，细部构造设计时针对建筑物突出个性，例如宗教建筑就会体下一种精神追求，其装饰装修细部构造设计就要突出在精神层面，在建筑具体展现上主要表现为建筑的艺术性、纪念性和文化性。但是对于一些生产车间来说，他就比较追求实用性，在建筑具体展现上主要表现为建筑室内生产流程，生产环境必须符合要求。

总之，建筑工程装饰装修细部构造时要注重整体把握，确定结构设计主题，根据实际需求每个部位选择合适的材料，展现出装饰装修内部构造的实用属性和内在价值。

了解建筑工程装饰装修细部构造的基本内涵，认识到细部构造在工厂装饰装修中的重要地位，在实际装修施工中要关注每一个细节，遵循建筑工程装饰装修西部构造的设计原则，制订详细的计划方案，依据国家对建筑工程装饰装修中细部构造的规范和标准结合每一个建筑物需求，对每个建筑装饰装修细部构造制定出其独特的设计风格，选定合适的材料，确定构造的尺寸，从整体上把控构造设计，从而让装饰装修的效果达到理想标准。

第七章　建筑装饰装修技术创新与质量管理

第一节　建筑工程装修装饰中的环保设计

在城市化进程中，装修装饰行业也得到了快速的发展，在人们生活水平不断提升的情况下，人们对于装修装饰的环保设计也越来越重视。在装修装饰施工过程中，要注重对环保节能材料的使用，在环保节能理念的指导下应用现代化环保新技术，进而推动建筑工程装修装饰行业的进一步发展。

一、建筑工程装修装饰环保设计的重要性

在全球工业化进程不断加快以及全球变暖的背景下，人们的环境保护意识也越来越强烈，人们对生活质量的要求也越来越高，这就要求建筑工程装修装饰要注重环保节能设计。在社会可持续发展的要求下，建筑工程装修装饰中的环保设计已经成为该行业未来发展的趋势，尤其是在建筑室内装修装饰中，环保节能设计对建筑的实用性以及观赏性具有直接的影响。环保节能设计是打造节约型、环保型绿色建筑的重要途径，也是有效提高企业竞争力的重要途径之一。

二、节能环保化在建筑装饰装修工程施工中的设计原则

生态性原则。随着城市化进程不断加快，人们对能源资源的消耗也在不断提升，无法促进社会的可持续发展，必须要恰当的方法和手段，确保整个建筑装饰工程实现能源节约，减少资源的浪费。这就要求设计人员首先要对建筑空间进行合理的规划设计，最大限度上的提高能源资源的利用效率、减少施工成本，保证对整个建筑装修工程的效果。在建筑装饰装修工程开展的过程中，还应该反对铺张浪费，避免为了过度追求奢华的风气，而采用大量的昂贵材料。

安全原则。在建筑装饰装修工程建设的过程中，需要保障装饰装修设计更加的舒适，还要确保健康安全，选用环保无毒无污染的节能型材料，能够有效地减少室内空气污染，保障人体向健康。

经济性原则。在建筑装饰装修设计的过程中必须要合理的规划和设计来减少能源资源的消耗，确保适度消费。合理的设计能够降低施工成本，确保整个建筑工程的美观性，也能够保证装饰装修工程整体的性价比大幅度提升。

三、建筑工程装修装饰中环保节能设计的要点分析

注重设计方案的环保性。建筑工程装修装饰中的环保设计要注重设计方案的环保性，对设计方案进行明确的定位，并且要对环保节能的目标进行明确。设计师在进行建筑工程装修装饰方案设计时，需要对相关环保节能因素及环保节能的目标进行充分的考虑，从而制定出相应的环保节能措施，这样在进行建筑工程装修装饰的过程中，就能够更好地掌控环保节能设计，达到相应的环保节能目标。

在进行建筑工程装修装饰设计的过程中，要将相应的环保节能理念真正落实到其中的关键环节。想要保持建筑室内具有良好的通风效果，就需要考虑室内风向的变化，通过相应的装修设计，让室内的空气能够进行主动循环，对建筑室内有害的气体等物质进行有效的清除，从而达到环保节能的目的。

建筑工程装修装饰中要使用环保节能的材料。在建筑工程装修装饰中，需要使用相应的具有环保节能效果的绿色建筑材料，而且在当今社会环境下，各种具有环保节能效果的绿色建筑材料已经普遍应用于建筑装修装饰工程中，这种类型的材料不仅能够提升建筑的装饰效果，也能够很好地达到环保节能的要求。在装修装饰施工过程中，需要使用到相应的环保材料，如千丝板是利用相关废料加工制作而成的，可以进行生物降解，不会对自然环境造成污染，即达到了资源重复利用的目的，也满足了相应的环保要求；复合大理石不仅能展现出自然的条纹美感，与成本昂贵的大理石切片人造板进行复合，既保留着相应的使用性能，也节约了大量的自然资源，降低了装修装饰的成本。

在装修装饰施工过程中，可以在建筑的门窗上使用低辐射玻璃等新型玻璃，其具有较低的反射率和较高的透光率，能够获取大量的太阳能辐射，具有较好的保温性能，尤其适用于北方冬季保暖。在建筑工程装修装饰中使用环保节能的电气设备，也有利于降低能耗，对环境起到保护的作用，比如 LED 灯，既没有辐射作用，也不会在使用过程中出现高热量、高能耗问题。

建筑工程装修装饰施工过程中要注意环保节能。在进行建筑工程装修装饰施工的过程中，对建筑物已有的环保节能设施要进行充分的保护，避免其遭到破坏。施工工艺要科学合理，尽量减少施工过程中对装修材料的浪费，在提升建筑装修装饰效果的同时，也要避免在施工过程中留下安全隐患。同时，要加强装修装饰的施工管理，对建筑工程装修装饰的施工质量进行严格的把控，对施工过程中产生的垃圾要及时地清理，保持建筑室内空气畅通，避免对施工人员和环境产生不利影响。

加强绿色植物使用，提高清洁性能源利用效率。在完善基于绿色环保设计的建筑工程装饰装修设计方案时，设计人员应结合室内温度调节要求、空气成分的实际情况等，加强绿色植物使用，从而增强室内空气净化效果，满足绿色环保设计要求。同时，需要在建筑工程装饰装修设计中提高对风能、太阳能等不同清洁性能源的利用效率，增强室内通风换气效果的同时降低能耗，并实现对环境污染问题的有效应对，确保建筑工程装饰装修设计科学性，拓宽其设计思路。

随着时代的发展，我国城镇化规模在不断地扩大，也带动了建筑装修装饰行业的发展。当前，环保节能理念越来越深入人心，人们对建筑工程装修装饰的环保设计也越来越重视，这就需要明确环保节能设计的要点，在建筑装修装饰上充分体现环保节能的思想，提高建筑工程装修装饰的环保性能。

第二节 建筑装饰装修与低碳节能环保的研究

随着我国社会经济水平的提高与科学技术的发展，和人们生活水平的不断提高，现在人们对生活环境与质量的要求也越来越高，同时带动了建筑装饰装修行业的高速发展。在装饰装修行业发展过程中也出现了大量的资源浪费，反而对人类生存环境造成了负面影响。在人们不断增强的环保意识下，低碳节能环保、可持续发展的理念逐渐形成。本节将针对装饰装修工程施工操作的标准内容进行分析，从绿色施工技术中进行分析，研究符合装饰装修工程施工操作的应用办法。

近些年来，人们对环保的意识越来越强，我国建筑行业正大力的推广使用绿色技术，而节能环保技术是绿色技术中最重要的一项内容，它对建筑行业的发展也有一定的作用。节能环保技术指的是将管理技术和技术手段进行结合，对建筑物的采光、建筑物的采暖、建筑物的照明以及建筑的围护结构等，通过对这些内容进行有效的设计和施工，尽量在装修过程中避免对能源的浪费和对环境的污染。对环境的保护不仅仅代表着在装修的过程中减少对建筑物四周环境的污染以及破坏，还需要相关的工作人员在装修的过程中通过采取有效的措施，营造出适合户主居住的环境和空间。

一、装饰装修节能环保特性分析

员工专业性。如今人们的生活质量越来越好，审美标准也变得越来越高。对于工作和休息的环境的要求，已经不仅是安静舒适，也需要一定的美观。但这也导致了很多装饰装修单位将美观放在了第一位，而忽略了最终的施工质量以及环保性能，容易对人的身体健康造成不利影响。为了避免这样的问题，对进行工作的员工就有一定的要求。从事装饰装修的员工一定要具备合格的专业素养，有着很强的责任心和操作技术，无论是对自身还是对工作都要严格要求，将装饰装修的美观性和环保性能相结合。

施工规范性。建筑装饰装修是一项比较复杂的工作，在进行施工期间会牵扯到整个建筑中的众多线路体系，如电力系统，供暖系统等。若装饰装修施工过程中出现失误操作，很容易引起事故，造成安全威胁。因此，装饰装修施工单位在施工期间一定要严格按照我国的法律法规进行操作，进而对施工人员的操作进行规范性指导和严格把关，低碳理念下的建筑装饰装修工程质量。

二、绿色环保节能在建筑装饰中的应用

建筑室内各部位装饰装修的环保节能技术。在建筑室内的各部分的相关过程来说，需要对其的各项节能装置的应用有一定的了解，并且对其的安装等过程进行更加细致的分析研究，从而得出相关结论。对于建筑门窗的选择以及其他材料的选择过程中要注意耐高温以及环保绿色等问题的存在。并且对于加密的各项材料来说，要保证其散热的正常，并且还要对其的各项性能进行定期的检测，从而保证安全。对于墙体保温层的铺设过程中，要注意相关的墙体的保温等功能的良好进行。对于建筑室内的地面装修等问题的存在，需要对其各项设备进行完善，并且还要对于相关的各项功能进行实时的监控，防止其出现各种问题，从而危害安全。

绿色材料。在建筑装修的过程中会使用到大量的建筑材料，这些材料的来源和性质都跟环境有着密切的关系，并且这些材料对于建筑后期的能耗使用也有着重要的影响，因此，在使用这些材料时应注意以下两点：（1）在购买材料之前要合理的规划材料的使用量，并且制订实际的采购计划，严格控制材料的用量；（2）尽量选择绿色材料，例如对环境污染较小、无毒无害的材料等。除此之外，还应该使用节能保温材料，这种材料可以加强对建筑的保温性能，而且还可以在使用过程中降低能耗。

加强施工人员的管理。对于建筑装饰装修施工工程中的人员管理方面，首先需要工作人员严格按照低碳绿色的施工标准来进行施工操作，严格保证施工质量。同时，需要对施工人员进行思想灌输，需要施工人员在施工操作方面也要注意绿色环保，避免对环境造成破坏，这才是从方方面面做好建筑装饰装修工程的低碳处理。并且，建筑装饰装修工程施工期间，首先需要对施工产生的多余材料进行材料回收，以达到节约资源的目的。施工期间，要尽量减少施工做造成的扬尘和噪声污染，减少对附近居民的影响。最后，施工垃圾要集体处理回收，防止对环境造成污染。

优化设计。要想达到建筑装饰装修的低碳节能环保，符合该目的的设计是尤为重要的，也是一个应用要点。在设计时需要转变思念，以低碳节能环保为理念指导，开展设计管理工作。设计师在设计方案中要与低碳节能环保的理念相结合，在满足建筑的使用功能和舒适度的前提下，应重视资源能耗的节约，避免和减少高能耗的设计方案，注重减少装饰装修工程的复杂程度和装修材料的用量，避免多余功能构件的产生，选用低碳节能环保的材料、设备，节约装饰材料的使用，达到工程环保的目的。并且，在进行方案设计时，多采用自然采光、遮阳、自然通风等合理的环保设计处理方式，达到建筑绿色节能的效果。做好建筑的功能性设计，减少不必要的浪费，节约资源能源，从而使建筑装饰装修的费用得到有效的控制。

综上所述，建筑装饰装修绿色施工技术分析过程中，通过研究现代建筑施工创新需求，绿色环保要求，不断提升建筑装饰施工绿色环保技术水平，明确绿色装饰装修的技术要求，加强综合技术水平分析，准确的判断技术操作标准，明确操作模式和建设办法，不断提升建筑装饰装修综合管控水平，满足建筑施工的操作模式要求，提升建筑施工的综合化管理建设，实现有效的技术拓展和技术提升。

第三节 建筑装饰装修中工程造价的控制

在开展装饰装修工程项目施工时，应将工程造价所涉及的资金成本进行合理的控制。在经济发展新常态的背景下，对装饰装修工程项目施工造价方面进行科学的控制和管理势在必行。

建筑装饰装修工程不同于传统的土建、安装工程，具有工期短、投资大、涉及面广等特点，其设计比较灵活，受规范约束少；材料种类繁多，质量等级及价格差异大；施工工艺不断出新，技术标准涵盖面窄；过程复杂多变，存在许多不确定性因素等。目前我国的装饰装修市场发展还不完善并存在诸多问题这些问题都给装饰装修工程造价控制带来了较大的难度。

一、关于影响装饰装修造价的几点因素

装饰装修的材料。在对房屋进行装饰装修的过程中，关于材料的使用较多，该项费用属于装饰装修项目工程造价管理和控制方面的重点项目。由于当今人们较为注重生存环境的质量，很多环保材料的使用广泛存在于工装和家装工程项目当中。不论是何种工程项目，材料的选用属于当中必不可少的，同时材料的价格属于当中费用较高的项目之一，也是装饰装修工程造价管理的重点环节。在以往装饰装修的项目中了解到，材料的单件商品价格在几元到几万元不等，从这样的价格范围得知，材料的选购成为影响装饰装修总工程项目造价重点的影响因素。因此，在对装饰装修材料选购方面的造价成本进行管理和控制的过程中，应按照业主个人对装饰装修实际质量的要求，选择适当的、质量合格以及性价比相对较高的装修材料。

装饰装修的人工成本。在对房屋进行装饰装修的过程中，无法避免的支出费用是人工成本，该方面的费用一直存在于整个施工期间。从裁料造型到材料安装均要支付人工方面产生的成本。该方面的费用同时也是装饰装修工程的造价管理和控制的重点难点工作。由于很多装饰装修公司未形成固定的施工团队，均在项目工程承包之后才建立其自身的施工团队。这样的状况使得对施工人员的管理和人工费用的成本的管理造成较大的困难，实际上在对该项费用支出进行管理的过程中，要从施工技术和市场人工费用标准的角度进行综合的考量，这样才能实现对装饰装修人工成本的合理控制。

装饰装修的管理经费。关于装饰装修的管理经费，也是该种工程项目造价管理控制中应考量的问题。在装饰装修项目工程当中，涉及的管理费用主要指的是装饰装修企业或公司在日常业务开展中其自身应支付的管理费用。例如，管理人员的工资、办公费用、劳动保险、工具用具使用费用、工会经费、房屋的设计费用、固定资产使用费等。装饰装修的管理经费相对之前两种的费用而言，在控制和管理难度上相对较低，只要本着杜绝铺张浪费的原则，便能合理的完成该方面的成本控制。

装饰装修的其他费用。在装饰装修实际施工当中产生的其他费用包含了税金和意外事故造成的经济赔偿费用。其中税金主要是装修公司在接收业务时向业主支付的发票产生的费用，该部分费用的产生和项目工程的总造价之间存在直接的联系。

二、强化装饰装修造价控制和管理的应对措施

设计阶段的造价控制与管理。对装饰装修项目工程的设计阶段进行造价控制的工作极为重要，这直接影响着整个工程项目所花费的成本。因此，在实际操作的过程中应充分的结合业主个人需求和房屋实际的状况，在保障装饰装修后环境和实用性的基础之上，对结构的改造和材料的使用方面产生的费用进行适当规划。由于设计阶段装饰装修成本费用的控制对后续装饰装修的质量和总造价具有直接的影响，在对设计图纸进行确定阶段，需要装饰装修公司和业主进行协商，而装饰装修公司应在后续施工中将会出现的费用予以详细的说明，避免后续费用支付不及时而严重影响施工的质量。

装饰装修材料控制与管理。由于建筑装饰装修项目工程中涉及的材料种类较多，同时不同规格、品牌和品种的装饰装修材料在价格和性能方面存在很大的差异性。基于该种状况，需要装饰装修工程项目造价管理人员对设计图纸中将要使用的材料清单予以列出，在清单当中，需要对材料的名称、品牌、数量以及规格等进行详细的记录和说明，与此同时还要对材料的损耗率进行计算。在此之后，装饰装修公司和业主应对装修市场中材料的价格进行了解，对比出较为适合设计图纸使用的装修材料。

装饰装修施工材料和人员方面的管理。在施工阶段材料难免会出现损耗的状况，该部分的成本浪费较为严重应引起装饰装修施工公司和业主的重视。在该阶段的造价成本控制和管理中，应成立监工小组，对切割和搬运方面过程中造成材料损耗的几率降到最低，同时业主和装饰装修公司签订装修合同后，应选用具有高素质的施工队伍。另外，装饰装修施工过程中施工工艺的控制与管理也极为重要，严格按照施工工艺标准施工，充分考虑环境气候因素，能减少质保期中出现质量问题，从而节省后期维修费用。

由于装饰装修方面的施工对人们的生活产生直接的影响，对造价成本的有效控制成为现今重要的研究课题。在本次论述中主要对装饰装修的材料、人工成本、管理经费、搬运费用、其他费用产生的原因进行简要的论述，同时提出了设计阶段的造价控制与管理、装饰装修材料控制与管理、装饰装修成本费用控制与管理、装饰装修施工材料和人员方面的管理，其次研究的内容和结果，能为现今装饰装修项目工程造价的管理提供参考性建议，为贯彻落实资源利用最大化起到推动的作用。

第四节 建筑装饰装修流程管理

在科技与经济领域发展的积极推动下，建筑装饰装修行业得到了迅猛的发展，建筑装饰装修工程涉及的设计、材料及施工等方面发生了较大变化，随着新材料，新工艺的出现，建筑装饰装修管理已成为提高工程质量的重要手段。本节将对建筑装饰装修工程的管理进行阐述。

建筑装饰装修是为了保护建筑物的主体结构，完善建筑物的使用功能和美化建筑物，使建筑主体、构造物内外空间达到一定的环境质量要求，而使用装饰装修材料或者饰物，对建

筑主体、构造物内外表面和空间进行修饰处理的工程建筑的活动，也是在已有的建筑主体上覆盖新的装饰表面，对已有的建筑空间效果进行进一步的设计，既是对建筑空间不足之处的改进和弥补，使建筑空间满足使用要求，更是使建筑独具个性的一种手段。建筑装饰能够使建筑满足人们的视觉、触觉享受，从而提高建筑物的空间质量，因此，建筑装饰装修已成为现代建筑工程不可缺少的部分。下面，我们来详细讨论下建筑装饰装修流程管理。

一、建筑装饰装修施工前期的管理

建筑装饰装修施工现场项目部管理人员包括项目经理、施工员、技术员、材料员、质检员等，装饰装修涉及工种多、工序烦琐、材料品种广，各工种施工工艺与处理方法各不相同，这就要求技术管理人员要具备一定的专业知识和素质，熟知各工种的施工工艺，熟悉各种装饰材料及性能。现场管理人员要按各自的职责明确相应的责任。

装饰装修设计的实现是通过工程技术管理人员组织工人施工，对进入施工现场从事施工的专业人员进行入场时的教育及相应的技术安全培训，使所有人员在入场前对工程项目的安全须知、质量要求、技术难度等有所了解。培训内容涉及质量、安全、技术、进度、现场文明施工等方面。要与施工队伍签订安全、文明施工协议，签订用工协议。以此确保在施工过程中，各专业施工人员均能全面执行公司的各项施工管理及规章制度，并能够自觉地接受项目部对其质量、进度、安全等各方面进行的监督。

工程项目现场材料管理的首要环节是施工估料，项目部向采购人员提供材料进场时间要求，从而使采购人员做到心中有数，按部就班地进行材料的准备。在材料进场前必须先报验，在材料进场后，依样品及相关检测报告进行报验，报验合格的材料方能使用。采购时采购人员要严格执行材料的检查验收手续，保证采购材料一次性合格。同时，施工技术管理人员除了熟读施工图纸，进行技术质量交底外，还必须将自己的施工估料意图明确交代给施工班组，防止优料劣用、长料短用，杜绝浪费，把材料消耗降到最低限度。

二、建筑装饰装修施工过程中的管理

施工是设计具体实施的过程。这一过程的施工现场管理包括施工现场的施工安全生产管理，施工技术质量管理的实施、监督、检查，材料进场、检验、使用的管理，项目工程资料管理等。

在施工过程现场管理中，质量管理是核心。现场管理要明确管理人员管理职责，认真落实岗位责任制是规范工程项目现场管理的关键。施工管理人员要严格按照安全操作规程和工程技术规范办事，减少、消灭质量和安全事故的发生，使各种损失减少到最低。装饰装修质量要求很高，我们在施工中必须严把质量关。实际的施工中，下道工序检查上道工序是最常见的检查方式，以便我们可以做到及时发现问题，及时制定措施解决问题，直到不合格得到纠正。隐蔽工程的质量控制是建筑装饰装修中不容忽视的环节，要由现场技术管理人员检验，并做出详细的文字记录。做好隐蔽验收工作，当上道工序会被下道工序遮盖时，必须在做好自检的基础上，向监理工程师提出隐蔽验收要求，经其验收合格后即可进行下道工序的施工。施工过程的质量监控是现场质量管理的重要环节，有力有效的质量监控能控制工程质量达到预期的目标，有利于促进工程质量不断提高，有利于降低工程成本。施工中，对于材料颜色、纹理有差异的情况，如不监控，工人对材料不进行挑选，不考虑施工效果，只是机械施工而造成的质量缺陷直至引起的返工，会给施工企业造成材料浪费和工期延误。这种情况下，现场管理人员应采取补救措施，并应根据签订的用工协议，对因工人原因造成的材料浪费给予罚款等处罚措施，并要切实具体实施。

材料方面要注意要购买质量好、价格低的材料，并遵循集中采购的原则，以减少运输费用的增加，应尽量避免零星材料购买中运费高于材料的现象。根据施工进度计划科学地组织材料，避免停工待料现象的发生；材料的领用应登记入册，并定期盘点，掌握实际消耗量。对于周转材料要及时回收、整理，使用完毕及时退场，这样有利于减少租赁费用，从而降低成本。对于主要材料，应随施工进度安排，提前编制采购计划，有订货周期的材料要提前放样及时定购，需设计人员、技术管理人员前往确认的材料，设计、技术管理人员应积极配合，避免因材料出错或到货不及时影响施工进度。所有进场主材首先应及时做报验资料，同时做好入库清点造册登记，严格按照制度凭材料出库单发放使用，控制材料浪费或丢失，特别是对易碎、易潮、易燃物品需采取相应的保护措施，库管员应对各种材料分类堆放便于整理盘点库存量。

三、建筑装饰装修施工结束后的管理

做好内部验收，向顾客提供满意的产品，工程完工后，在交付顾客使用前，由公司工程部、设计部等部门对工程进行全面的验收检查，对于发现的问题，书面通知项目部及时整改，如有必要则进行二次内验，只有在内部验收通过后，工程才能交付顾客进行验收，从而保证顾客一次性验收合格。达到顾客满意的效果。

建筑装饰装修工程施工过程中应做好半成品，成品的保护，防止污染及损坏。施工现场成品保护对于装饰工程来讲非常重要，项目管理人员应组织工人对已完工后的项目进行成品保护，避免损坏和污染已完工的成品。完工后项目部人员应及时组织清理现场，剩余材料及临时设施作好清点工作后及时退场。建筑装饰装修工程要保证文明施工，施工作业面要保持干净整洁，严禁乱堆乱倒。每当完成一项工程，工程部门都应进行一次技术总结和交流，不管是否参与管理，通过总结增加对新工艺、新技术和新材料的认识，特别是达到克服缺点，吸取经验教训的目的。

装饰装修工程施工质量的高低，不但对工程质量评优影响很大，对今后的居住使用也有着很大的影响。一旦装饰装修工程要整改或者修复，势必会给使用者及业主带来极大的不便。因此，在装饰装修工程施工中，应当严格遵守国家及行业有关建筑装饰装修工程质量控制及验收标准规范的要求，并在此基础上不断改进，确保建筑装饰装修工程的质量能满足社会及人们的需要。

第五节 建筑装饰装修工程施工工艺解析

近几年来，随着建筑工程的快速发展，建筑工程装饰行业也得到了飞速的发展。作为建筑工程施工完成后的美化和实用性工作，在建筑工程的装饰和装修工程中，不仅要考虑到对于建筑物的外观的美化，还要充分考虑到对于环境的美化，保证安全和实用性，因此对于建筑装饰装修工程的施工过程要求会更高。随着社会的不断发展和人们的物质生活水平的不断进步，建筑装饰装修工程也将变得多元化，装修材料也变得更加的丰富和多样化。在本节中，笔者对于建筑装饰装修工程施工工艺的相关内容进行深入探讨，希望本节的内容对于相关工作的展开有所帮助。

当建筑工程的主要的工程竣工完成后，需要进行室内和室外的装修和装饰的设计。在装饰设计中要充分考虑到建筑主体结构的特征，表达出不同设计师的不同设计理念。装饰设计需要充分考虑到装饰效果以及装饰的美观性。建筑装饰装修工程不但能够体现出建筑物的美观，同时能够体现出建筑物的外在活力，给人们更好的居住环境，提供更加便捷的服务。

一、现代装饰装修工程的主要特征

随着我国城市化进程的深入发展，建筑项目为了节约城市土地资源，逐渐由低层向高层的方向发展。为了更好地迎合社会发展的需要，建筑装饰也要迎合高层建筑的发展，这样会使得建筑装饰装修工程变得更加的复杂、多样。但是，如果主体结构的施工过于复杂，会使得建筑装饰装修工程施工的危险性大大提升，尤其是建筑工程外立面装饰以及外墙的装饰施工工程的施工难度会大大提升。

不同的建筑工程的装饰装修施工存在着较大的差异，不同用途的建筑所使用的建筑装饰材料也存在着较大的差异。为此，在进行建筑装饰装修工程施工时，需要建筑工程的装修人员具有较强的专业技能和装也素质，从业人员的专业施工技能和施工工艺要过关，才能给工程的顺利进行带来保证。

对于建筑装饰装修工程施工，通俗可以分为室内装修和室外装修两个方面，室内装修和室外装修在施工工艺、施工材料等方面存在着较大的差异，考虑的因素也有很大的不同。在进行具体的施工展开时，要综合考虑各方面因素，这样才能在施工过程中保证安全性，并且符合国家相关的行业标准，让建筑物的使用寿命达到预定的要求。

二、建筑装饰装修工程施工工艺

墙面贴砖。在进行建筑物的室内的墙面贴砖工程时，首先要进行基层墙面的清洁，随后对基层进行抹灰。接着对墙壁进行排砖弹线，选择墙面砖的规格和质量，将选好的墙面砖用水浸泡。在进行墙面砖贴墙面的施工过程中，要对缝隙进行抹灰处理，在施工过程中，要对墙壁进行整体的清洁。先对室内的地面进行贴砖，完成地面贴砖工作后，再进行墙面的贴砖。

在进行贴墙砖的过程中，要注意施工过程遵循施工工艺和施工工序的要求，先进行墙面砖的施工，再进行阴角砖的施工，要想保证施工工程能够顺利地展开，需要对室内进行清理，并且利用水泥砂浆对墙面进行抹平。要注意再进行施工前，首先要对墙面砖进行预排，对于同一侧的墙面砖的横竖排列比非整块砖一行大的情况要进行及时的调整。对于阴暗角落，可以利用非整块砖来对墙缝间的距离进行及时的调整。

石材施工地面施工工艺。在进行建筑装修装饰中，花岗岩和大理石是最为常见的材料，对大理石和花岗岩进行细分，又可以分为人造和天然两个方面。在我国，对于建筑装饰中所使用的石材主要是经过人为处理后的材料，其规格主要以厚度为两厘米的为主。这样的石材在家庭装饰中非常常见，常用的规格主要有长宽为 3cm～5cm 之间。在进行石材的铺设时，再进行水泥砂浆的配比时要在里面混合107胶，这样做能够有效地提升贴面的质量。

对于地面施工，通过工艺的分类可以分为：（1）对室内的基层面的清理；（2）利用水泥砂浆对地面进行处理，使得地面平整；（3）确定地面的标高以及弹线多的标准，要利用好专业的工具；（4）根据不同的施工条件确定好不同的施工材料的选择；（5）要预先对施工过程中使用的材料和板材用水进行湿润；（6）对标准块进行安装以及固定；（7）利用水泥砂浆进行地面的铺平；（8）利用石材进行铺垫；（9）检查室内的缝隙是否有缺漏；（10）对于新铺好的地面砖进行及时的维护和保养。

在进行地面施工时，要充分做好施工前的准备工作，先找平地面高低不平的位置，要对于不平的位置进行及时的修整和凿平。在进行基层施工前，要对其进行彻底的清理，这样才能防止在施工过程只能给能够不出现砂浆灰。在进行是施工时，首先要保证施工过程的地面清洁和湿润。当选择的地面材料为瓷砖或者石材时，要根据不同的施工要求放置标准块。将标准块放到十字线的交叉部分，对于对角线的位置要格外的注意。再进行地面砖的铺设时，要保证每一行的铺设都经过了挂线，不断的均匀洒水使得石材能够保证浸湿状态，随后擦净。当地面砖的铺装完成后，要对石材进行养护和洒水，为了对地面砖进行保护，可以在施工后用锯末等蓬松物将地面砖覆盖，要注意在养护中不能对地面砖进行踩踏，防止对其的破坏。

悬挂式推拉木门的施工。在进行悬挂式推拉木门的施工时，主要遵循以下几个步骤：（1）首先科学合理的测量木门的安装位置；（2）对推拉门窗上框板、下框板和侧框板的安装位置要重点的固定；（3）预先将门槽剔除出来，使得木槽的深度以及钢板的厚度相互匹配；（4）在门槽内装上钢皮材料的滑槽；（5）将轮盒和预留好的窗扇孔匹配；（6）安装好窗扇轨道，使得窗扇能够正常的开合；（7）要对墙面和板框中存在的缝隙进行详细的检查，防止在安装时使得木门的墙边留出太大的长度；（8）对推拉门窗进行检查，保证安装后能够正常的投入使用；（9）为了提升门窗的美观度，可以提上贴脸。

保证施工质量。原材料的质量监控是施工准备阶段的管理工作的重要内容，要想使得工程的安全度高、质量可靠，离开好的原材料的支持，是不可能做到的。因此，在对材料的质量进行审查过程中，要对水泥、碎石、沙等按照规定的要求进行审查，保证原材料的质量。要使建筑装饰装修工程施工管理工作有效性真正的发挥出来，需要各个部门及所有工作人员共同配合与协作。因此，作为建筑装饰装修工程施工管理工作人员首先应充分认识到质量管理工作的重要性，对在工作中发现的问题要做好及时有效处理，确保质量管理工作顺利实施。其次，建筑企业部门应不断创新现有建筑装饰装修工程施工管理形式，随着社会时代的不断发展，传统的管理模式在一些方面存在很多不足之处，只有不断更新与调整才能使检测工作真正有效化。建筑企业要对相关的工作人员进行上岗培训，培训合格后方可上岗工作。这样能够使得工作人员的工作能力和素质得以提升，为保证施工质量提供一个强有力的前提条件。

近几年来，随着经济的发展，建筑施工项目越来越多，为了保证建筑工程施工项目更加符合现代人对于建筑的多样化需求，就需要充分重视建筑装饰装修工程施工工艺的研究。在本节中，笔者首先分析了现代装饰装修工程的主要特征，随后对建筑装饰装修工程施工工艺进行具体的深入的分析，希望本节的内容对于建筑装饰装修工程施工工艺的提升有所帮助。

第六节 建筑装饰装修施工质量的提高对策

随着人们生活水平的提升，人们的审美能力也得到了相应的提升，对房屋建筑的要求越来越高，为了满足当代人的审美，就需要开展更加合理的建筑装饰装修施工，在施工中加入先进的装饰装修理念，提升房屋建筑的美观性，满足人们对现代建筑装饰装修工程提出的要求。建筑装饰装修的施工效果会直接影响到人们的生活，所以，在施工的过程中，必须要注重其质量，兼顾美观性，给人们创设一个良好的生活环境。文章对建筑装饰装修施工质量的提高对策进行分析，并且提出了几点浅见。

建筑装饰装修是建筑工程项目建设过程中一项重要工作内容，建筑装饰装修施工是提升房屋建筑美观性的一个有效手段，要想充分地发挥出建筑装饰装修的重要作用，就需要在项目的开展过程中，做好质量管理工作，只有合格的建筑装饰装修，才能给人们提供安全的居住环境。但是在当前的建筑装饰装修施工过程中，有许多因素都会对建筑装饰装修施工的质量产生影响，这些因素给质量管理工作带来了很大的挑战，必须要采用合理的方式排除这些不利因素。下文对此进行简要的阐述。

一、建筑装饰装修施工质量的重要性

对于任何工程项目来说，质量都是项目最重要的一个建设指标，如果项目出现了质量问题，那么项目的开展效果就会大打折扣。建筑装饰装修工程关系到了房屋建筑的美观性，同时，与人们的生活也有非常直接的联系，如果建筑装饰装修施工过程中出现了质量问题，就会对房屋建筑的美观性以及人们的生活产生非常不利的影响，甚至会对人们的人身安全造成影响，从这一点上看，提升建筑装饰装修施工质量具有非常重要的意义，也是建筑装饰装修工程的基本施工要求，施工速度以及资金的使用，都必须要建立在质量这个基础上。建筑装饰装修施工是一个比较复杂的过程，其中包含了许多的工序，要想提升建筑装饰装修施工质量，就

必须要从管理工作上入手，利用高效的管理手段，排除各种不良因素对建筑装饰装修施工产生的干扰，减少施工过程中存在的质量隐患，这样才能提升建筑装饰装修工程的合格程度，满足人们的生活需求。所以，加强建筑装饰装修施工质量具有非常重要的现实意义，也是社会给行业提出的基本要求，企业在工程开展的过程中，采取合理的措施，保证工程质量。

二、建筑装饰装修施工过程中存在的问题

在实际的施工过程中，还存在许多的质量影响因素，对建筑装饰装修施工会造成非常不利的影响。这些问题主要体现在以下几个方面：

施工技术因素。建筑装饰装修施工虽然施工量很大，施工内容繁杂，但是究其本质，其中的工作大多数都含有一定的技术性，属于技术性工作。在实际的建筑装饰装修施工过程中，许多的工作都含有多种施工技术，不同的施工技术，会产生不同的费用。许多企业为了降低在建筑装饰装修建设的资金投入，没有对工程项目的实际情况进行深入的分析，直接选择了造价最低的施工技术。

不合理的施工技术很容易与当前的项目存在冲突，因为技术的选择不当，引发不同程度的质量问题，这种情况在我国当前的建筑领域中非常常见。另外，在建筑装饰装修施工过程中，各种工序的衔接上存在问题，各项工作的施工人员只关注自己的施工内容，没有为其他的工序施工创造方便条件，这种情况不仅会增加建筑装饰装修施工的成本，而且很容易产生各种质量问题，在实际的施工过程中一定要注意技术方面的问题。

施工材料的问题。建筑装饰装修施工过程就是把各种原材料，通过一定的工艺技术，附着在建筑物的表面，给人们创设一个良好的生活环境。原材料是建筑装饰装修施工的基础，如果原材料出现了质量问题，建筑装饰装修施工效果就会直接受到影响。原材料不合格的原因有很多，有一些企业为了降低施工成本，在材料的选择环节只关注材料的价格，选择了一些廉价材料来开展建筑装饰装修施工，产生了严重的质量问题。另外，在建筑装饰装修施工原材料中，有一些材料对存放的环境有非常严格的要求，如果企业没有做好材料的存放管理工作，就会造成材料的变质，影响到最终的建筑装饰装修施工效果，比如各种木料如果没有做好防潮工作，木料发生了弯曲，在施工的时候就会影响到施工的效果。

监管流程和制度不严格。严格的管理工作是提升建筑装饰装修施工质量的一种有力举措，建筑装饰装修施工过程复杂，必须要有一个完善的管理系统来进行协调，这样才能保证建筑装饰装修施工的顺利进行。但是在当前的许多企业中，都缺乏一个完善的管理制度，由于制度的缺失，管理工作的效果受到了严重的影响，工作人员的由于缺乏相应的限制，在建筑装饰装修过程中出现了许多不规范的现象；一些管理人员缺乏正确的管理方法，管理工作形式化主义过于严重，不能及时地发现建筑装饰装修施工过程中存在的各种问题，即使发现问题，也不能确定相应人员的责任，工作人员的工作态度不积极，增加了质量问题的发生概率。

三、提升建筑装饰装修施工质量控制的建议

当前的建筑装饰装修施工过程中,经常会出现各种质量问题,给人们的生活造成非常不良的影响。为了减少这些质量影响因素的发生,就需要采取相应的措施,加强质量控制,可以从以下几个方面来开展相关工作:

加强对材料质量的控制。建筑装饰装修施工对材料非常依赖,要想实现高效的质量控制,减少建筑装饰装修施工过程中存在的质量问题,就必须要从材料上入手,加强对材料的管控,通过高效的材料管理,来提升建筑装饰装修施工质量。材料的采购工作必须要科学合理,采购人员要对市场进行深入的分析,在材料价格的最低点购进材料,减少企业在建筑装修施工中的资金投入,采购人员不能盲目地关注材料的价格,必须要保证材料的品质可以达到实际的应用标准。同时,在生态理念的影响下,要尽量地选择一些绿色无害的材料,这种装修材料在应用的过程中可以减少对人们的伤害,对室内环境质量的提升也有非常明显的帮助。另外,材料入场以后,管理人员要做好分类工作,严禁各种材料混合堆放,要根据材料类别的不同,划分材料的放置区域,做好相应的防护措施,避免材料被阳光直接照射,同时,要做好防水防潮工作,避免材料在存放的环节受到环境因素的影响,引发建筑装饰装修施工质量问题。

加强施工技术管理。在建筑装饰装修施工的过程中,管理人员必须要对所有施工技术进行合理地选择,综合性地权衡利弊,要对当前的建筑装饰装修工程情况进行全面性地分析,避免发生盲目选择施工技术的情况。在施工技术的选择上,要以施工质量为基础,一切建立在质量的基础上,从众多的技术中,选择出资金用量最少的技术,这样才能满足建筑装饰装修的施工要求。技术在选中以后,管理人员和技术人员要与工作人员进行沟通,掌握工作人员的施工能力,做好交底工作,保证工作人员可以充分地了解这些技术,必要的时候可以对工作人员进行考核,只有通过考核的工作人员才能正式的进入到建筑装饰装修施工阶段,通过这样的方式,减少人员因素以及技术因素对建筑装饰装修施工造成的干扰。

完善管理制度。完善的管理制度是建筑装饰装修施工质量控制的基础,企业必须要根据当前的实际施工情况,制定完善的质量管理制度,保证建筑装饰装修施工中的各种技术可以得到有效的落实。管理人员要按照这个制度来对建筑装饰装修施工过程进行管理,制度必须要体现出严肃性,发现存在违反制度的情况,管理人员要对工作人员进行严肃处理,可以在口头教育的基础上,扣除一定的工资,让工作人员认识到其中的严重性。管理人员要全程在施工现场进行检查,重点的检查已经完成的施工内容,做好记录工作,为后续的施工打下一个有力的依据。

综上所述,在我国当前的建筑工程领域中,建筑装饰装修工程的重要性得到了凸显,造成这种情况的主要原因是人们的审美意识在逐渐提升,给房屋建筑的美观性提出了更高的要求。为了满足人们的审美需求,给人们创造一个更加良好的生活环境,就需要从建筑装饰装修施工环节入手,做好质量控制工作,对各种施工材料进行严格的管控,同时,要合理的选择建筑装饰装修施工技术,在保证质量的前提下,提升建筑装饰装修施工的经济性。企业要

制定一个完善的管理制度，加强对工作人员的限制，管理人员要一个负责任的形态，来开展质量管理工作，及时发现各种施工问题，避免这些质量问题扩大，引发严重的后果。要加强对人员的教育工作，让工作人员认识到建筑装饰装修施工的重要性，在根本上减少质量问题的发生，打造合格的建筑装饰装修工程，为我国建筑领域的发展做出积极地贡献。

第七节 建筑装饰装修工程中的绿色施工技术

装饰装修工程现目前对我们的生活也起到了很大的影响，而且在工程当中出现的问题也会对周围的环境造成破坏。因此，在建筑装饰装修工程中应用绿色施工技术无疑是一个很好的选择。它可以减轻对环境的压力，减少对环境的破坏，同时保证建筑的可持续性和稳定性，而绿色建筑不仅可以满足我们的需求，也可以创造绿色环境。

一、绿色施工的概述

随着能源问题逐渐加剧，需要大力推广使用节能技术，以此来降低能源消耗，达到提升资源利用率的目的，这同样也是构建和谐社会的关键。使用绿色施工技术，是积极响应号召的重要体现。在保障建筑装饰装修工程施工质量的基础上，应该运用适当的技术以及管理方法，实现对资源的合理配置，最大限度降低对资源以及环境的影响，以此来推动建筑装饰装修工程的健康发展。

二、绿色施工技术运用的必要性

现阶段，在建筑施工过程中，使用绿色施工技术能满足消费者对绿色建筑的基本需求。自我国改革开放以后，经济水平显著上升。在各种优惠政策的指导之下，建筑施工中使用绿色施工技术能有效地保证施工安全，绿色施工技术，更符合时代发展内涵，也能全面提高居民的生活质量。与此同时，在建筑装饰装修工程中使用绿色施工技术，符合可持续发展的理念，在某种程度上，我国在经济发展过程中几乎都是以牺牲生态环境为代价，近年来在经济的推动之下，对环境采取有效的保护措施，落实可持续发展理念，加大装饰装修材料的管控工作。绿色装饰装修技术受到广大群众的喜爱，它能有效地降低建筑物在装修过程中带来的污染，使用绿色施工技术，能有效地确保人体的生命健康安全，减少对环境产生的污染，打造更加宜居的居住环境。

三、建筑装饰装修工程绿色施工技术

使用绿色材料节省材料。在对材料进行选择的时候，我们应该以绿色材料为主，施工的时候采用绿色材料，可以有效地避免材料浪费的同时保证工程的环保性。在建筑装饰装修工程施工的时候，我们还要加强对材料的管理和控制，从而保障工程的质量不会出现问题。在绿色装饰施工中，采用更加高科技的材料可以降低能源的消耗，同时还可以保证周围的环境

不会遭到破坏，在一定程度上满足了人们的需求和促进了经济的发展。

避免造成噪音和粉尘污染。建筑装饰装修工程的实施，会在一定程度上产生污染，例如粉尘污染和噪音污染。不管是使用装修设备还是切割建材，都会伴随噪音的出现，这些噪音会影响到周围居民的正常生产以及生活。绿色施工技术的使用，能够尽可能选择与规格一致的施工材料，以免出现二次加工材料的现象，并且还能够降低设备的使用次数，以免产生噪音污染。此外，在开展装饰装修施工作业的过程中，还会伴随大量的粉尘出现，如果不对这种现象及时处理，就会对施工人员的身体健康产生威胁，同时引发粉尘污染。为了能够降低对环境以及人体的影响，在打磨清洁以及拆除墙面的过程中，要求施工人员严格落实施工标准，并且还应该做好一系列的防护工作，在施工过程中，要适当地给地面进行洒水处理，以此来控制灰尘的飘散。

灰尘的控制。在进行建筑装饰装修的施工过程中会产生大量的扬尘污染，所以，我们必须要对现场的扬尘进行严格的控制，在进行控制的时候，我们还要注意到以下这些问题，在对墙体进行拆除的过程中会产生大量的扬尘，而在空气的作用下，这些扬尘会分散到室外，从而对周围的环境产生污染。因此，我们在进行对墙体拆除的时候，我们应该有计划的进行施工，同时在进行拆除时我们还需要在地上洒上一点水来对周围的灰尘进行控制。另外，我们还应该在进行工程的施工时，还应该对基层进行清理。还有在墙体的结构表面还会有灰尘在空气的作用下向室外流动，还有在进行打磨的时候也会产生相应的灰尘，所以我们一定要用吸尘器来吸收，从而避免对环境造成污染。

积极应用新技术，改造旧技术。在社会经济快速发展的时代背景下，传统的装饰装修工程已经发生了相应的变化，并且因新材料、新工艺以及新设备的不断使用，出现了更多的装饰装修材料类型。这样一来，使得与涂料相关的施工工艺以及施工技术有了明显的提升，对于经常需要用到的高效、节能、安全以及环保方面的技术性的产品，需要运用优先使用的措施，在开展装饰装修施工作业的过程中，应该尽可能使用新产品以及新工艺，并且注明新技术的使用状况，确保新技术的预见性，同时，优秀的产品也会成为装饰装修设计工作中的主流产业，因此，在技术以及材料的使用方面，需要大胆使用新技术，并且及时和客户进行沟通，落实安全、环保的成品保护作业。

施工现场的节能技术。现阶段在施工现场也可以使用节能技术，它能有效地减少能源的使用，避免浪费。在施工作业时，尽可能地选择绿色节能环保材料和机械产品，充分发挥现场作业的优势，在施工建设时，应该做好机械设备的选择和采购工作，对人员进行严格的把控，避免产生人员浪费。同时，应该建立完善的绿色施工管理体系，在整个施工作业中，施工管理占据着重要地位。现阶段，应该加大绿色施工管理工作，对施工的各个环节进行把控，降低施工过程存在的问题，也可以充分地使用水资源节约技术，做好水资源的分类和计算工作，对水资源进行全方位的把控，在最大范围内减少水资源的浪费，做好雨水收集。

有效利用清洁能源。绿色装修可以很好地利用新能源和新技术，来对资源进行合理的使用，从而避免能源的浪费和对环境的破坏，这对于以前的房屋装修来说，采用绿色装修是一个非常突出的优势,现在对于风能的技术研发还是比较成熟的,所以合理有效的运用风能已成为绿色装饰的趋势。而在装修过程中,我们还可以通过种植植物来对室内环境进行调节。

现阶段在建筑装饰装修工程中使用绿色施工技术,它能有效地对施工建设材料进行把控,做好施工质量,全方位的检查工作,符合国家环保的要求。实现建筑企业可持续发展,为建设美丽中国,贡献自己的一分力量。使用绿色施工技术,也能为建筑装饰装修工程发展注入新鲜活力。

第八节 BIM技术在建筑装饰装修设计中的应用

目前伴随我国建筑装饰设计行业的持续进步,BIM技术已经普遍运用于行业之中,其显著地提升了建筑项目的经济收益。BIM技术以信息技术为根基,获取装饰装修中的各项参数之后,从而创建信息化模型对整个项目进行表述。基于此,本节对BIM技术在建筑装饰装修设计过程中的运用进行简要分析,期望能够为建筑装饰从业者提供些许帮助。

BIM技术的全称为建筑信息模型技术,其是利用信息化技术作为根基,进而对建筑项目的全部过程进行模型创建分析的过程。在建筑装饰装修之中运用此类技术,不但能够高效地对建筑项目的各项参数进行全方位整合,还能够在建筑项目从开始阶段到结束阶段实现全过程协同运用。通过对BIM技术的优势进行分析可以发现,将其运用在建筑装饰装修之中能够从多个角度进行模型创建与分析,这样一来能够为装饰装修设计建立起先进的信息化平台。基于此,BIM技术已经被普遍运用与建筑装饰装修行业之中。

一、BIM建筑信息模型技术的优势特点

具备可视化优势。在对建筑项目装饰装修整个过程进行设计中,利用BIM技术的可视化优势,能够帮助设计人员更好地进行设计、交流以及计划。当BIM技术被运用在建筑装饰装修行业前,设计人员是利用平面设计软件来制作施工图纸,然后在运用立体设计软件来对效果图进行渲染(运用建模软件和图像渲染软件得到可视效果)。现场施工工人要具备较高的工程图辨别能力以及直观的视觉效果,才可以充分地明白其设计理念。从图纸的设计过程到施工过程,需要很多次数的沟通交流、解答和教导才能够达到最佳效果。但是随着BIM技术的运用,其可视化优势能够高效地处理这些问题。

具备数据共享优势。BIM建筑信息模型技术指的是在互联网思维方式下,将建筑行业与信息行业高效连接在一起的技术。其最为明显的优势就是提高了信息传递以及共享的效率,建筑项目中的各项参数以及数据能够被作为BIM技术的基础数据,进而创建出的3D模型就是所谓的BIM建模过程,利用BIM信息平台结合各项专业现场模拟演示所发现的碰撞点和问题点对建筑模型的各项参数进行增加或删除,以此来帮助各个单位之间的实时信息传导以及共享。

具备协调优势。在进行建筑装饰装修项目过程中，需要对各个环节实行高效协调。在BIM技术运用在建筑装饰装修行业之前，协调以及信息通信是一项极其烦琐的工作。但是运用BIM技术的协调优势，能够让各方都实时了解项目的具体信息。另外，BIM技术的协调优势主要表现在对于设计的协调以及施工周期的协调两方面，通过BIM信息平台进行信息实时交换，能够明显的降低协调工作的烦琐性，进而显著提高建筑装饰装修的工作效率。

对于装配式装饰装修材料的运用。通过对当前状况进行分析能够发现，建筑装饰装修设计过程中运用BIM技术，可以显著提高项目装饰装修的效果，满足既定的使用功能。将装配式装饰装修材料与BIM技术充分融合，能够明显降低建筑装饰项目的工作量以及工作时长，同时还能够确保施工整体品质。除此之外，装配式装饰材料具备多样化的优势，能够在建筑装饰装修设计过程中利用BIM技术模拟出装配后的成果，以便于设计人员在对项目设计过程中能够保证很高的灵活度，进而创造出最佳的搭配效果，预防单一设计而致使的不足。同时，在建筑装饰装修项目的施工作业过程中，运用BIM技术能够帮助装配式装饰材料更好的落实，尽可能控制施工中出现的问题，让客户能够更好地进行选取。另外，装配式装饰材料能够批量的进行加工，这样便能够有效地进行成本控制，进而保障经济收益达到预期。

二、BIM技术在建筑装饰装修中的具体应用

BIM技术的理念。BIM建筑信息模型技术是一种十分先进的建筑装饰装修技术以及工作，其不但显著提高设计的工作效率，同时也明显地提高了施工图设计的整体品质，可以说其给建筑装饰装修可行性设计带来了根本性的进步。在建筑装饰装修运用BIM技术时，其对于设计人员的设计思路也有较为明显的影响，运用BIM技术能够对设计工作全方位的实行革新，要保证的设计成果更加具备现实感，运用物力透视技术制作出3D透视模型。在实际工作过程中，BIM技术能够运用在创建项目模型的中，其能够将设计方案中所需要的材质以及参数变得更加细致且标准，通过制造的施工模拟VR图，可以显著提高设计图纸的展示成果，增强设计的实用性能，同时对施工作业的进度实行科学管控以及实时的进行监管。基于此，在建筑装饰装修设计过程中。BIM技术能够显著的提高原有的设计展示效果，通过三维立体图更为直观的研究分析设计中各个工艺环节的可落实性。

在设计过程中的运用。在设计人员对建筑装饰装修设计的规程中，BIM技术可以进行3D设计、进行数据实时传递以及施工工作量计算等。其能够显著的提高设计效率，避免出现无用的重复设计，帮助设计人员进行设计协调、控制错误、控制施工造价、提高项目收益以及减少施工周期等。其具体体现在下面几点：

信息化模型。运用BIM技术创建的装饰装修信息化模型与固有的3D模型相比，其添加了装饰装修材质以及各项设施的名称、生产厂商、尺寸大小、规格型号和价位等内容，BIM信息化模型能够根据行业的各项标准规范进行各项参数的录入，这样能够保证设计过程的精准性以及合理性。除此之外，BIM信息化模型能够利用装饰项目的各项参数进行施工量的导出，可以运用与设计过程中对于工程造价的计算以及制作。BIM信息化模型是贯穿装饰项目整个过程的，因此项目施工结束后，应保证项目真实状况与模型高度一致，便于未来对项目进行维修与保护。

可出图特性。BIM 技术与固有的平面设计软件以及立体设计软件相比较而言，其能够直接建立三维信息化项目模型，并且模型中所含有的各项信息是能够自动实行标注，不需要设计人员再通过人工进行各项信息的标注。除此之外，BIM 信息化模型能够将施工图中的各个细节详细的导出成立体剖面图，将所有的平面图模型以及立体图模型一次性设计出来。BIM 设计运用在建筑装饰装修中还能够通过将施工工序以及施工后的效果按照顺序展示出来，帮助客户以及施工工人能够更加了解整个施工过程，运用可出图的特性帮助相关人员更好的解读图纸，从而把控施工工艺以及施工进度，在以此为根基添加工程项目的造价信息，这样能够明显提高整个项目的成本管理。

设计过程的协同性。BIM 技术能够将装饰装修设计和其余的各个有关专业全部存入 BIM 信息化平台，同时还能够让其在 BIM 模型上进行协同设计工作。在信息化平台上将模型以及各项参数实现及时共享，调整其中一个专业模型，剩余的专业模型也会同时进行更新。除此之外，利用 BIM 及时的系统性能够通过模型自动检测出装饰装修设计中存有的各项问题，从而帮助设计人员更好地处理问题。通过审计过程的协同性，能够有效预防设计中可能出现的错误，提高设计品质。

总而言之，BIM 技术在装饰装修中的运用极其重要，其能够明显地提高了建筑项目的经济收益。BIM 技术可以以信息技术为根基，获取装饰装修中的各项参数之后，从而创建信息化模型对整个项目进行表述。因此，上文对 BIM 技术在建筑装饰装修设计过程中的运用进行简要分析，期望能够为建筑装饰从业者提供些许参考与帮助。

第九节　建筑工程装饰装修工程的施工质量管理及控制

装饰装修是建筑工程的重要部分，随着社会经济发展水平的深入发展，对建筑工程装饰装修的质量要求也越来越高。装饰装修工程的施工质量影响着建筑整体的舒适度、审美、质量、居住体验度，加强对建筑工程装饰装修质量的控制，对于促进装修水平的提高有重要的意义。

装饰装修是房屋在使用前的最后步骤，建筑工程的装饰装修过程包括了施工材料的选择、内外墙施工、混凝土拌制等方面的工序，施工材料的选择以及施工技术对装修的质量有着重要的影响。当前在我国的建筑工程装饰装修过程中，由于没有良好的施工监督制度和验收制度以及施工过程中管理不到位，使得装修施工的过程存在一定的缺陷，影响并制约着建筑工程装饰装修水平的提高，加强施工中的质量管理和控制，有利于实现装饰装修工程质量的提高。

一、建筑装饰装修工程的施工特点

装饰装修工程是建筑施工的重要环节，装修工程的质量是建筑物工程的重点，高质量的装饰装修工程在市场上更加受到消费者的欢迎，能够为企业赢得良好的口碑和声誉。建筑企业在装饰装修过程中应加强对装修工程质量的关注，然而装修工程是在主体结构完工之后才开始施工的，因此建筑装饰装修工程质量的高低与主体结构的质量有着密切的关系，在确保主体结果的质量达标以后才能够开始装饰装修。

装饰装修工程的施工主要是在室内进行的，因此室内的空间与环境对装饰装修的施工存在许多的施工限制。在装饰工程施工工序开展时应充分考虑施工现场存在哪些限制因素，并根据具体的情况来采取合理的解决措施。建筑装饰装修工程的施工中的人员众多，管理起来较为困难，尤其是施工质量的监管难度较大，使得建筑工程的管理较为复杂。

建筑装饰装修工程的工期相对较短，且对施工的质量和精细化程度要求高，因此在相对较短的周期内完成高质量的施工水平，必须加强对施工过程的控制。现阶段随着机械化水平的不断提高，建筑装饰装修工程中也应用了机械装修，然而在具体的操作过程中仍然需要人工的辅助才能够完成，当前人工在建筑工程的装饰装修中占有较大的比例。考虑到人工施工技术的水平高低不同，所以对装饰装修现场的质量管理较为困难。

二、建筑装饰装修工程施工质量控制要点分析

建筑装饰装修工程施工的质量影响建筑整体的使用效果，对施工质量的管理应对施工过程中的要点进行把控。

地面装饰。地面的装饰是指楼面层和地面层的装饰，施工的过程中应本着先地下后地上的施工原则，并对地面下的暗管、沟槽的工程进行质量的验收，然后才能够开展地面工程的施工。平整度、坡度、连接缝隙的流畅度和整齐度是地面装饰质量关注的重点要素。

轻质隔墙装饰。轻质隔墙是使空间分隔的人工墙面，能够对噪声和空间进行有效的隔离。轻质隔墙的施工放线要严格按照图纸来进行，固定以后要在后期对隔墙做特殊的处理。施工过程要满足墙的基本结构与龙骨的连接是牢固的，满足平整度与垂直度的设计要求，墙体交接的位置要平直精确。

吊顶装饰。吊顶装饰要明确房间的净高度、吊顶内管道设备和支架标高及洞口标高的素质，在安装龙骨时应根据设计的要求对龙骨的位置和间距进行合理的布置与设计，安装的过程应保持均匀的间距并紧密安装，以确保龙骨的稳定性。

墙面装饰。墙面装饰包括内墙面和外墙面装修，其过程包括抹灰、涂装和裱糊以及软包等，在墙面抹灰时应对基层进行清理，接着对基层进行洒水湿润，对不平整的位置应实现刮平或用水泥砂浆进行磨平。墙面抹灰最好采取分层抹灰的形式施工，每一层应保持 5~7mm 的厚度，抹灰工作完成后应保持墙面的平整。

三、建筑装饰装修工程施工质量控制方法

室内装修环境质量的控制。随着社会环保意识的提高，绿色、低碳、节能、环保的生活理念深入人心，室内装修在材料的选择上应选择绿色的装修材料，减少或不用对环境有害的物质，崇尚健康环保的装修理念，在材料的选择上要多下功夫。另外，装修环境的质量控制也与装修工程施工设计方案有着密切的关系，施工设计中应尽可能地降低污染较大且对环境和人体健康有害的施工工艺，如现场制作家具会涉及喷涂工艺，对室内环境带来有害的污染物，不利于环境的清洁和人体的健康。而采用免漆板或者成型的家具板就环保得多，且对室内的

空气质量也有好处。在装饰装修设计方案的施工阶段应对施工的工艺进行说明，降低施工材料以及施工工艺带来的污染，控制污染源提升室内装修环境的质量。

加强对施工材料的质量控制。施工材料是建筑装饰装修工程施工的基础性资料，材料的质量对工程最终的效果起着基础的决定作用。装饰装修工程的管理负责人应对施工的材料进行严格的把控，确保采购的材料符合建筑质量的要求。施工材料的选择应严格按照图纸采购，采购的方式应以招标的形式进行。同时倡导绿色环保理念，选购绿色无污染无危害的材料。为确保材料的合理高效使用，材料的领取应制定相应的领取使用计划，定期对材料实施检查，对特殊的材料实施有效的保护。

施工工序的控制。建筑装饰装修工程的施工并非是无序开展的，而是要遵守一定的施工工序。由于各个工序之间存在紧密的联系，加强对施工工序的控制有利于控制施工的质量。施工工序的合理设计可以提升施工的质量效果，急于求成的施工工艺是不可取的，只有加强施工工艺的控制才能过促进建筑施工质量水平的提高。

四、建筑工程装饰装修工程的施工质量管理

加强对施工质量的监督管理力度。施工过程中的质量保证需要加强对施工的质量监管，尤其是重要的项目质量的管理，如混凝土的拌制、施工工艺的效果、施工安全性能等。实际的装修过程中应配备专门的监督人员对施工的过程进行监督和验收，装饰装修应根据设计以及业主的意见来进行，一旦发展装修过程中的质量问题，就应该及时调整施工的计划，对质量问题采取合理的解决措施。

建立奖惩机制。施工质量水平的高低也与施工人员的施工工艺以及施工态度有很大管理，建立其奖惩机制有利于加强施工人员对装修过程中装修质量的重视，提高工作的积极性并提升自身的施工工艺。设立相应的资金惩罚力度，对于施工工艺水平高超且施工效果质量好的人员颁发一定的奖励，而对于施工质量差以及施工态度不认真的员工采取相应的惩罚措施，并给予一定的警示，从而促进施工过程中的质量管理。

加强对施工人员的组织培训。装饰装修施工人员的技术水平有高有低，施工的质量也较难保证，并且随着装修技术的多样化，许多新形式的装修方法有待普及和推广。在装饰装修工程展开施工时，对于容易出现问题的环节，可组织员工的培训和学习，从而提升员工的施工技能水平，以便于对施工过程质量的管理。

对施工的过程进行跟踪。随着智能设备的推广和应用，在施工的过程中采取智能设备跟踪技术，能够实时监控并指导装饰装修施工的过程，指出装修中存在的问题，控制装修的施工质量。另外，在正式装修之前能够利用计算机的三维绘图空间来展示装修的效果，并且有利于检查施工工序质量是否合理，从而提高对装饰装修施工过程的把控。

装饰装修工程的质量影响房屋整体的居住结构，施工方应提高自身的装修质量和水平，才能够实现建筑物的高效合理使用。对装饰装修质量的管理和控制要求施工方首先做好施工的准备工作，并严格控制施工的材料，建立有效的施工监督和验收体系，加强对施工人员的技术培训，从而实现对装饰装修施工过程的质量控制和有效管理。

第八章 建筑工程施工的实践应用研究

第一节 建筑工程施工中 BIM 技术的应用

针对建筑工程施工中 BIM 技术应用进行研究，介绍了 BIM 技术，同时分析了 BIM 技术特点，主要为可视化和可优化性。结合这些内容，总结了建筑工程施工中 BIM 技术应用，主要内容有：集成设计、建筑工程施工场地的合理规划、施工方案、工艺模拟、施工进度管理等。

当前，我国建筑行业发展正处于高峰期，市场竞争十分激烈。要想在激烈的市场竞争中立于不败之地，就要懂得如何应用新技术，进一步提升施工质量以及相应施工效率。对 BIM 技术进行应用，可以借助三维模拟方式将建筑工程施工方案进行直观展示，从而及时找到施工方案中存在的问题，确保工程施工的顺利进行。因此，在工程施工阶段，对 BIM 技术进行应用，意义深远。

一、BIM 技术概念

BIM 将建筑业的操作流程以及建筑的信息进行收集，对数字信息进行完美应用。通过数字化建筑，组建并且进一步展示显示世界当中的建筑物构建自称。在建筑行业，传统图纸对外展示的是一种二维平面效果，而 BIM 技术主要是通过矢量的改变，展示出多幅图片、多个角度的立体呈现效果。这就会促使建筑物显得更加直观和立体，施工也更加清新，困难更容易处理。传统图纸是以平面的方式展示的，其中仅标明了管线的数量和管径等。但是对多系统的整合不是十分明确，可能会导致管线分布不够合理、空间紧凑、结构阻碍等，引起返工、材料浪费等现象。使用 BIM 技术，解决了以上问题，呈现出立体的建筑空间，促使技术人员对管线空间、节点分布等的分析更加清晰。

二、BIM 技术特点

可视化。可视化主要是指人们肉眼能够看到的实物，通常情况下，在相应建筑工程具体建设过程中，借助 BIM 技术可以对图纸进行进一步协调，来表现构件的相关信息，还可以在图纸上对相应线条和图形符号等含义进行标注。此后专业技术人员可以借助自身想象力使其还原成撒哪位图形。这种图形的应用，但是这种图形难以在其他人面前展示。使用 BIM 技术，能够促使建筑构件，通过 3D 的形式展示出来，为技术人员展示出不同方位、不同角度的研究和分析。因此，BIM 技术具有可视化特点。

可优化性。进行建筑工程建设过程中，施工技术不断优化，但是建筑工程复杂程度高、时间以及信息等都会对其带来影响。使用BIM技术，可以对建筑设计、施工和资金投入以及资金管理等多个因素进行结合，借助BIM技术，促使建筑企业、设计单位等，制定最优设计方案。同时，技术人员还可以借助BIM技术对建筑工程中使用的原材料和管线等造价进行管理。这不但能够在一定程度上提升工程的整体质量，同时还促使企业经济效益得到有效提升。

三、建筑工程施工阶段中 BIM 技术应用

总场平布置中的应用。当前建筑行业得到迅猛发展，在建筑工程项目组织和协调方面，提出了更高的要求。建筑工程施工场地空间有限，具体施工过程中，全部施工技术均需要在这一空间中完成，因此需要开展一定的交叉作业，只有这样才能够保障工程建设中的多项技术均可以顺利开展。对于建筑工程而言，项目附近的环境相对复杂，这就导致工程施工场地相对狭窄。这就给总场平布置工作带来一定难度。使用BIM技术，可以通过三维建模功能，将场地具体情况直观地展示在人们面前，对施工现场实际情况进行模拟，对于施工组织来说，可以结合不同颜色，在相应模型当中划分不同区域，提供可视化方案。此外，对三维现场场地平面进行布置，在这一建筑场地模型中，技术人员对施工现场和现场周围实际环境转化成数据信息，对这些信息进行挂接。

施工方案，工艺模拟。使用BIM技术，可以构建3D模型，借助这一模型，直接对建筑施工准备到竣工验收的整个周期进行模拟，同时还可以在开展阶段进行模拟，从而为项目管理决策提供可靠依据。技术人员使用BIM技术，可以对土方工程进行模拟，同时还可以针对临水临电施工、基坑的维护及钢结构工程等进行模拟。借助BIM技术能够在建筑规划阶段，为建筑企业进行空间分析，然后促使建筑企业充分掌握空间标准和相应法规，从而节省大量时间，提升建设效率，进而为团队开创增值活动提供带来有利条件。在全部工序施工之前，对BIM技术对全部施工工艺进行模拟，以防止在实际工程施工中，因为人为因素而产生错误理解，从而促使技术交底更加形象，对其进行理解也比较容易，进一步保障项目部门之间能够有效沟通。

施工进度管理。在工程施工过程中，对建筑工程施工进行管理，可能会受到多方面因素的影响，导致施工进度管理发生变化。预先设计施工进度和实际施工进度之间存在一定差别，这一差别不断积累，对施工进度带来影响。在一定程度上增加建筑成本，甚至可能导致建筑质量受到影响。相应工作人员可以借助BIM技术，根据相应工程相关信息构建工程模型，通过专业操作，对CAD图纸以及施工作业面之间建立一定联系，促使相应施工人员更加清晰的把握施工进度，结合实际情况对工程进行调控，最终为施工进度的管理提供相对便捷的通道。

施工成本管理。施工过程中，利用BIM技术，能够对施工成本进行科学管理，相对准确的预测施工成本。对于三维建筑模型来说，能够选择性的将工程建设当中存在的分项工程、单位工程等造价信息输出，设计人员在具体设计阶段能够清晰地认识到工程造价的相关信息，促使限额设计的需求得到满足。

施工质量管理。使用相应移动终端，对BIM技术进行应用，工程项目经理和其他生产管理人员，针对影响工程质量的因素进行严格控制。保证工作的及时性和高效性。专业施工管理人员，对模型进行浏览，同时在其中录入相应的信息内容，系统可以提供相关查询服务，最终促使管理效率得到有效提升。

综上所述，建筑工程施工中，施工现场环境相对复杂，施工人员对整体工程不够了解。BIM技术的应用，能够为施工人员呈现出三维效果图，同时还能确保不同施工环节的施工技术具有较高合理性。因此，BIM技术可以最终提升施工质量，在一定程度上节约施工成本，促使工程在预计时间内完成。

第二节 高支模施工技术建筑工程施工的应用

本节对高支模施工技术建筑工程施工应用从各个方面作了深入的探讨，希望可以为相关的专业学者提供参考与借鉴，如有不足之处，还望批准指正。

一、高支模施工技术在建筑工程施工应用中的重要性

所谓的高支模技术就是在高度五米以上的地方搭建模板的施工方式与支撑结构相结合，一般情况下，往往高支模施工技术的好坏直接决定着整个建筑工程的综合质量水平，它作为一种能充分利用自身承载力的技术不仅有利于创造良好的社会经济效益以节约资源，还能从根本上提高现代建筑的实用性能与美观度。另一方面，高支模技术在建筑工程的施工应用中程序非常的烦琐复杂，对施工人员的素质技能、材料与设计等诸多客观因素的外在要求很高，这就更加突显出了高支模施工技术的难能可贵，随着我国经济实力的迅猛发展与科学技术水平的显著提升，高支模技术未来将在建筑工程施工应用中得到更加全方位的推广普及与实际应用，进而实现我国社会经济的绿色可持续协调发展进步。

二、高支模施工技术的准备

一般来说，高支模施工技术的准备主要涵盖两个主要方面，即扣件与杆件，它们在高支模施工技术建筑工程的实际应用中发挥着不可替代的作用。就前者来说，它通常分为对接扣件、旋转扣件与直角扣件，它是杆件的连接件，扣件的技术要求铸铁千万不能存在气孔与裂纹，当扣件夹紧钢管时，开口处的最小距离应该大于5mm，它与钢管的贴合面要接触良好且坚决避免浇冒口残余、氧化皮、粘砂等的出现，它的材料使用必须要符合碳素结构的规定。就后者来说，它在高支模施工技术中发挥着重要的作用，最好选用无缝钢管或者是厚壁32cm、外径5cm的焊接钢管，作为脚手架杆件使用的钢管不仅要在内壁擦涂两道防锈漆，还要符合脚手架宽度，从根本上促进高支模施工技术在建筑工程中的正常运转。

三、高支模安装技术要求

高支撑施工管理措施与施工使用要求。就高支撑施工管理措施来讲，要格外关注纵向方木的接头与横向方木的接头位置相错开，严格建立拆除模板混凝土抗压试验，支架拼装的基础上还要用水准仪把底座螺栓调节到同一平面上，最重要的是要向作业人员进行安全交底，还要经过审批部门的同意才能进行施工。此外，就施工使用的要求来讲，主要是确保每个扣件与钢管的质量合乎规范要求，立杆的垂直偏差与实际要求不能过于悬殊，推广使用由中间向两边扩展的浇筑枋式，实际施工荷载还不能超过相关的国家规定，还要在浇筑的过程中时刻监控建筑工程的松动与变形情况，如果出现支撑下沉的状况要立即上报记录，进行及时的反馈总结，避免影响后续建筑工程的正常施工。

高支模安装质量的控制。在建筑工程的施工应用中，高支模安装质量的控制主要集中体现在以下几点之上：①其余梁模板安装，开始要辅助以标高线来不断调整门式脚手架的高度，支架上用水平拉杆锁好并严格仔细地检查侧面垂直度与平整度，还要在木枋上装置梁底龙骨；②模板及支撑体系的安装，这是高支模安装质量控制环节中的重中之重，需要依据设计标高来不断地调整钢管长度，同时设置 2m 的木枋，底模板与梁侧模板要先弹出轴线并予以巩固；③大梁模板的安装，这需要依据梁纵的方向放置脚手架并予以校正调直，同时要兼顾其稳定的支撑系统，这有利于建筑工程的安全施工，还要在门式架两侧安放锁紧剪力撑。

四、高支模施工技术建筑工程的施工应用方案

楼板模板及支撑体系计算。所谓的楼板模板及支撑体系计算主要涵盖模板计算与荷载统计，首先，模板计算是要对挠度与强度进行精准的计算以按照四等跨连续梁的标准满足建筑施工要求，更要协调好主梁与小梁的关系，其中的支座反力计算在正常使用极限状态时严格按照四跨连续梁进行抗弯计算，在承受能力极限状态时要确保高支模施工技术在建筑工程施工应用中的科学高效实施。另外，所谓的荷载统计是对风荷载标准值、模板及其支架自重标准值、钢筋自重标准值、施工人员与设备荷载标准值以及新浇筑混凝土标准值进行精准的计算确认，因为其中的面板自重与风压高度变化系数直接制约着建筑工程总体质量的好坏，希望相关的技术人员将楼板模板与支撑体系计算落实到位，促进建筑工程的顺利安全施工。

模板及支撑系统的设计与材料选择。一方面，模板及支撑系统的设计就是在建筑工程施工应用中顶板大多采用钢管脚手架搭设方式，通常的最大板厚度为 1.5m 且高度为 10m，因为模板设计的科学与否直接关乎着建筑工程的整体质量规格与资源材料，因此务必要做好模板及支撑系统的设计工作，充分兼顾社会经济因素。另一方面，模板及支撑架的材料选择指的是纵横水平拉杆、纵横向剪刀撑选用 3.5mm 的钢管，模板主龙骨采用直径为 4.8mm 的双钢管，顶板采用脚手架配套底托，在确保高支模施工安全稳固的前提下实现脚手架承担施工荷载与楼板重量的功能，总之，高支模施工技术是重大安全控制项目的一种，务必要严格管控好其在建筑工程施工应用中各个环节的实际实施，促进建筑工程的又好又快建设并取得良好的社会经济效益。

五、当前我国高支模施工技术在建筑工程施工应用中的不足之处

虽然近年来我国的高支模施工技术取得了较大的突破与成就，但仍然存在许多的不足之处亟待改善，主要突出表现在以下几点之上：

①相关从事高支模施工的技术人员不具备完善的基本理论知识与实践操作技能严重欠缺，缺乏内部科学合理的技术培训与教育；②内部人员的工作态度不积极，对待工作玩忽职守，难以调动起自身的主观能动性与积极创造性，不利于发挥高支模施工技术对建筑工程的施工作用；③不少因为材料选择不当、施工技术不到位以及设计计算失误等问题而造成严重的安全隐患事故，最为典型的就是支撑系统倒塌与建筑地基大幅度下沉等。总之，希望相关的专业负责人对上述高支模施工技术在建筑工程施工应用中存在的缺陷引起广泛的关注与重视，并采取及时有效的措施予以改善解决，促进社会经济的和谐健康发展进步。

六、施工安全技术措施及应急措施

高支模施工技术的安全措施。在高支模施工技术建筑工程施工应用中，最根本的重点就是能保障建筑施工的安全，这有利于良好的推进我国建筑领域的蓬勃发展，主要的安全对策就是建立健全相应的工程监督体系并做到及时发现问题与解决处理问题，致力于增强建设中高支模的技术层次水准，各个施工环节都务必要做好交接工作。另外，参与工程建设的施工人员必须要遵循"实事求是，与时俱进"的原则进行操作，坚决避免出现基座下滑与不均匀沉降等安全隐患事故，从根本上有效的保障广大人民群众的生命财产健康安全，促进建筑工程的如期施工运转。

高支模施工技术在建筑工程施工应用中的应急措施。①模板拆除的顺序应该遵循后支、先支拆除的原则，禁止使用撬棍与大锤硬砸的不良行为，悬臂部分需要达到设计强度的百分之百，确保在拆模时不损坏表面棱角；②拆下的配件及模板要按照指定的地点堆放，不能乱堆乱扔，进行良好的刷涂维修以用来隔离污渍斑驳，如果木模表面有脱皮的现象，中板有变质者严禁使用；③在进行高支模施工技术应用时，还要分层验收合格，严格按照国家规定的安全技术规程实施，在进行施工前要深入透彻的了解高支模施工技术的应用范围与实际案例；④操作人员在拆模施工环节中要站在安全地带，各种预埋件、预留孔洞位置要精准且固定牢固，进行平台铺设时应采用木模镶嵌严密以杜绝漏浆。

总的来说，高支模施工技术在建筑主体结构中发挥着重要的作用，它主要是针对常规混凝土结构自重大且空间跨度广而提出来的，该技术能够有效地确保建筑工程的质量安全与整体美观性能，值得在建筑工程中得到广泛的推广普及，因此本节探究的内容具有深刻的现实性意义。

第三节　防渗漏技术在建筑工程施工的应用

针对房屋建筑项目而言，工程项目质量是非常关键的。所以，项目施工方一定要加强工程技术手段的运用管理工作。在房屋建筑项目当中，工作人员难以处理问题之一就是，怎样避免房屋的渗漏问题。导致房屋建筑项目渗漏的因素是非常多样的，本节对其成因展开研究，且据此分析防渗漏技术如何有效运用到在房屋建筑项目当中。

一、房屋建筑项目渗漏位置与渗漏问题成因

渗漏成因分析。①建筑项目所选择防水材料不能达到国家的质量标准。②负力筋没有设置到合理部位，这样屋面板负力筋就无法充分发挥其效用，另外，因为材料施工技术不能达到相关技术标准，混凝土黏结性、厚度以及质量密度都会存在一定差异，这样屋面就会有裂缝产生。③基于相同温度条件，现浇钢筋混凝土温度变形发生概率要两倍于墙体，屋面是非常容易开裂的。其次，房屋不均匀沉降与建筑材料粗存在干缩性同样会造成屋面渗漏与裂缝问题。④如果保温材料在含水量非常大的条件下展开施工工作，那么水分太多蒸发困难，在高温天气条件下，就会发生防水卷材的起鼓问题，若是鼓泡开裂便导致漏水问题。⑤房屋长期积水，这样防水层就会损坏，屋面也会出现渗漏问题。

建筑物外墙渗漏成因。①因为框架柱、填充墙与框架梁砌体的结合部位出现了砌体材料与混凝土膨胀系数存在差异的问题，这样就会出现收缩问题，进而导致收缩与温度裂缝，最终引发渗漏。②对外墙进行抹灰操作以前，施工电梯、脚手眼与拉螺栓孔等设备会穿透外墙导致有洞口出现，因为封堵不够密实以及封堵操作存在失误，此位置就会出现抹灰层的空鼓与裂缝现象。③外墙的抹灰分格条直接镶嵌到乐基层墙体，会形成人为入水通道，如果墙体存在瞎缝以及通缝，那么在降雨天气下，雨水就将顺着分隔条缝隙流进室内。④外墙的找平层施工不够规范，进而使得局部找平层出现空鼓与开裂问题，最终导致房屋渗漏。

卫生间与厨房的渗漏问题成因。对于房屋厨房以及卫生间来说，渗漏位置一般都在地面以及墙角位置，这些位置发生渗漏问题一般是由于墙角和地面间有细微缝隙，这些缝隙的密封工作没有做好，还有就是所铺设防水层不合理以及防水层受到损坏。再有就是卫生间和厨房之间会存在积水，这样长时间之后也会造成渗漏问题。

地下室中的渗漏问题成因。地下室通常室内温度很低，而这会使防水效果下降，再加之后期对于地下室的室内环境以及钢筋水泥没有做好维护工作，房屋渗漏问题较为严重。特别是冬季地下室温差非常大，混凝土构造非常容易产生裂缝，最终造成渗漏问题。

二、房屋建筑项目当中的防渗漏施工技术运用

屋面防渗漏技术手段。屋面防水项目主要的作用在于防水防漏，并且能够进行隔热保温与承重，若是不能保证屋面防渗漏施工的科学合理，渗漏问题是无法避免的。一般条件下，

房屋屋面渗漏位置包含落水口、出气孔管、檐沟以及天沟。对于这些位置的渗漏问题，我们能够运用以下防渗漏技术手段。①选择温度卷材与防水材料的时候，应当加强对建筑项目地区环境因素的调查，其中包含建筑物功能、湿度与温度，要确保满足设计要求，涂料和卷材种类是存在差异的，应当依据不同施工要求展开施工。另外，在施工过程当中要确保混凝土浇筑连续性，防止因为温度降低造成冷缝问题，进而造成渗漏问题。②钢筋混凝土浇筑过程中应当保证振捣密实，绝对不可以存在露筋、漏浆、麻面以及蜂窝现象，增强屋面板质量。找平层属于实现屋面防水的关键基础，一定确保结构的整体性、强度以及刚度，为了避免积水问题，应当设置一定坡度。在施工过程当中，在水泥砂浆的找平层中应预留出分隔缝，分隔缝距一定要确保合理，工程施工之前对基层要做好清理工作，洒水进行湿润，增强防渗性能。③在防水层施工之前，对于檐沟、天沟与屋面基础需要加强检查工作，确保构造足够密实平整，避免存在积水问题。防水项目整体竣工之后，应当加强后期保养工作，禁止有重物堆放。

建筑外墙防渗漏技术手段。①墙体上各层都应当安装圈梁，要避免墙体因为承重太大发生开裂与变形问题，增强建筑物强度与刚度。②进行混凝土选取的时候，应当先考虑使用低水化热混凝土，也可以添加一定外加剂，其目的在于减弱伸缩沉降影响，控制渗漏问题。其次，建筑项目施工要尽可能避免在严寒与高温天气下进行，应当尽可能选取合理的温度环境条件。③项目施工当中要设立变形缝，例如：防震缝、沉降缝与伸缩缝。若是地基的土质状况很差，还应当开展地基变化评估，要对建筑对称状况进行研究调查，依照使用功能来进行沉降缝的设置，温度变化很有可能使得混凝土的结构应力较为集中，所以应当设置伸缩缝来避免砌体出现裂缝。

厨卫防渗漏技术手段。在民用建筑当中，卫生间与厨房都属于用水很多的区域，所以地面积水问题较为严重，若是地面的排水及防水工作不合格，就会造成渗漏问题，所以，工程施工过程当中应当重视下列几方面内容：①结构施工过程中重视卫生间和厨房地面需要保持一定高度差，而装修结束之后要比其余地面最少低处20mm，依照设计规定进行放坡操作，地漏应当比相邻的平面高出10mm；②要加强对各种厨卫装置、配件与防水材料质量要求的控制，全部材料都一定要具有产品的出厂合格证书，质量检验证明与复试报告书，要从根源上进行防漏防渗。安装完排水管道与装置之后应当开展通球实验，做好防水工作之后应当开展闭水实验；③浴室冲淋区域墙面，低于1.8m的部分需要设置聚氨酯防水层，涂料的厚度要满足设计标准，然后展开泼水试验，对流水坡度进行检测，再展开闭水实验来检测其质量。当对卫生间与厨房进行装修的时候，在地面是不能够打孔的，要避免防水层与管线受到损坏。管道的预留洞一定要装设套管，套管和地面的接缝位置应当使用防水涂料进行处理。

地下室的防渗漏技术手段。对地下室开展施工工作之时，应当重视变形缝的处理，材料延伸性会伴随时间变化不断下降，进而发生老化问题，所以必须强化变形缝处理，要选用高质量止水带，在安装之前应当检测有无缺陷问题。在安装的时候重视密封性，安装结束后要即刻进行混凝土浇筑，浇筑之时确保不会由于挤压造成变形。混凝土构造出现渗漏问题重要的原因包含水泥的标号存在错误，所以对标号进行选择的时候，应当将强度级别控制到1.3～2.0的范围内。若是环境腐蚀性很强，那么混凝土抗渗级别应当高于P8。进行混凝土搅拌之时搅拌的时间应当合理延长，一定条件下还要运用外加剂。另外，对于连接缝渗漏的处理要加强重视。先铺设和混凝土级别相同的一层水泥砂浆，这样能够加强连接缝黏合。对底板混凝土进行浇筑之时，地板和墙体间连接缝一定要设置到墙体上，必须保证比地面高30cm以上。若是在墙体上添加孔洞，连接缝和孔洞间距要控制在30cm。

防渗漏属于较为系统的一项工作，开展防渗工作必须对多方面因素进行综合分析。总的来说，要想控制渗漏问题就要加强对项目设计的重视，重视材料选择。保证对材料的有效控制，再进行科学的设计规划，严格依据设计标准施工，才可以切实确保房屋建筑项目质量。

第四节 桩基处理技术在建筑工程施工的应用

随着社会经济的发展，建筑工程项目日渐增多。桩基础是整个建筑工程的基础工程，关系着整个工程的施工质量。因此，相关工作者必须重视桩基处理技术的合理选择，确保建筑工程本身的稳定性和安全性。文章阐述了桩基础工程及主要的处理技术，并结合实例分析其在建筑工程施工中的具体应用。

在建筑工程建设过程中，为了避免地基受到建筑荷载的影响出现严重的变形问题，必须采取有效的桩基处理技术，提高地基的承载力，以避免出现建筑物倾斜、沉降甚至塌陷等质量事故，确保施工人员和居住者的人身财产安全。因此，研究分析桩基处理技术在建筑工程施工的应用具有重要的现实意义。

一、桩基础工程概述

在建筑工程当中，常常会遇到一些不良地基，其承载力和平衡力难以达到建筑工程施工的要求，必须采取有效的技术措施对其进行处理。桩基础处理技术作为常见的地基处理技术之一，具有施工效果好、适用范围广等优势，可以显著提高建筑物地基的承载，避免建筑物发生沉降、倾斜等质量问题。在实际施工阶段，采用桩基础处理基础需要注意以下要点：

（1）应结合施工区域的地质条件合理的选择相对应的桩基础类型，如地下水、土壤成分、持力层的深度等都会对桩基础产生影响。

（2）在建筑施工之前，需要对建筑物的基础荷载大小进行科学的预估，并根据荷载大小选择相对应的桩基础技术，确保桩基础承载力满足建筑工程的设计要求。

二、常见的桩基处理技术

锤击沉桩施工技术。锤击沉桩施工技术主要利用了桩锤下落时产生的巨大冲击力，使得桩逐渐下沉到设计要求的深度。该施工方法相对成熟，适用范围也较广，再加上施工成本较低，得到了广泛的应用。其缺点是施工过程中产生的噪音和振动较大，会对周围的居民造成一定的影响。

静力压桩施工技术。静力压桩施工技术利用了压桩装置反压桩顶，使得桩身克服摩擦力的影响，缓缓下沉，直到所有桩身都压入到指定的施工区域。在施工过程中，一般需要先进行桩柱的预制，然后将其运输到施工现场，通过静力压桩机等设备，将预制桩压入到土中。

在静力压桩施工过程中，会对土层产生较大的破坏，导致超空隙水压力的产生。因此，整个施工过程不得出现任何停顿，应持续压入预制桩，直到预制桩达到指定深度。该桩基处理技术相比于锤击沉桩施工技术，不会产生巨大的噪音污染，常被应用于高压缩性黏土层或砂性较轻的软黏土层施工区域。

振动沉桩施工技术。振动沉桩施工技术主要是利用电动机振动时产生的垂直作用力，使得地基土层逐渐达到密实的状态。在施工过程中，首先安装振动器，然后利用振动器的振动，并在桩本身重力的作用下，使得桩逐渐沉入到土层当中，带动周围的土层振动收缩和位移，以达到提高土层承载力的目的。

钻孔灌注桩施工技术。钻孔灌注桩施工技术与预制桩施工技术略有不同，需要在施工现场先进行钻孔施工，然后通过放置钢筋笼、灌注混凝土等施工工序来实现桩基础施工。对于钻孔灌注桩施工技术而言，钻孔的垂直精度是影响施工质量的关键技术指标之一，施工阶段可以通过确保桩机稳固、核实钻架与钻杆之间的垂直度等措施，来提高钻孔的垂直精度。此外，在放置护筒过程中，应避免其中心与桩位中心之间的偏差超过 50mm，同时重视回填土的回填施工质量，避免混凝土灌注时发生漏浆等问题。

相比于预制桩施工技术，钻孔灌注桩施工技术在城市中应用十分频繁，它具有无噪音、无振动的优点，相对施工便捷，适用范围较广，备受各类工程项目施工人员的青睐。

三、实例分析桩基处理技术在建筑工程施工中的应用

某工厂厂房桩基工程项目，地上建筑设计为 2 层，其中 1 号厂房的单桩荷载设计值为 980kN，2 号厂房单桩荷载设计值为 1000kN。桩基工程计划采用静压预应力混凝土实心方桩法，其中 1 号厂房桩长 15m，设计总桩数为 263 根。2 号厂房桩长 16m 和 17m 两种，设计总桩数为 609 根。

工程地质概述：

（1）地基岩土构成：结合施工现场的岩土工程勘察报告来看，该区域的地基岩土主要由素填土、粉质黏土、淤泥质粉质黏土以及粉土黏土组成，主要桩基持力层为粉土层。

（2）水文条件：地下潜水主要富含于粗砂、残疾黏性土以及强风化花岗岩孔隙当中，地下水稳定水位埋深为 1.9～2.2m。地下水的补给主要有两方面，一方面是雨水的渗透补给，另外一方面是该工程区域的残积黏性土及强风化花岗岩部分区域存在裂缝，在水头的作用下，下部基岩中的承压水会给地下水补给。此外，通过对地下水水质分析来看，其本身不会对混凝土结构产生腐蚀。

YRS 方桩的运输、储存和验收：

（1）YRS方桩的桩节在吊运时，采用两段捆吊法进行运输，在桩节竖起时则采用一点吊法，吊点位置不超过桩身的1/5，位置偏差不应超过20cm。整个吊运过程中，为了防止桩受到破坏，应确保方桩保持平衡状态，尽量避免碰撞。

（2）YRS方桩现场堆放时，应确保场地可以承载桩重，避免发生不均匀沉降问题，损坏桩身。同时最底层应按照二点支法放置支垫，并应采取可靠的防滑措施，最高堆放层数不低于3层。

（3）验收标准：YRS方桩的成桩质量应符合要求。

准备工作：

（1）在进行压桩施工之前，对施工现场的障碍物进行清理处理，确保施工区域的场地保持平整状态，且排水畅通。

（2）将压装机运输到指定区域安装就位后，详细检查压装机的性能，并进行试运行，确保设备处于最佳运行状态。

（3）确定压桩桩位，并根据该工程的地质勘查报告，结合桩基平面的尺寸、桩的密度以及深度等参数，确定压桩的顺序。

（4）桩圆心位置放样过程中，应严格控制误差，确保群桩的圆心位置误差低于2cm，单排桩的圆心位置误差低于1cm。此外，由于在施工过程中会产生挤土效应，因此在每一个承台桩施工完毕后，应当立刻对周围的承台桩进行复测，避免土体变形导致误差增大。

试压桩施工。结合该工程的施工地质情况来看，部分区域的持力层埋深较浅，为了提高静压预应力桩施工质量，在正式压桩施工之前，先进行试桩施工，以检测桩的承载力是否满足工程的设计要求。

（1）根据有关规定要求，试桩的数量应不低于施工总桩数量的1%，因此，该工程针对1号厂房试桩数为3根，2号厂房试桩数为6根。

（2）选择试压桩的区域，选择与地质勘探技术孔相同的区域，并采用与正式压桩施工相同的施工方法进行施工。

压桩施工。试压桩施工结束后，通过计算，所有的试压桩均满足工程设计要求的承载力，然后进行压桩施工，具体施工注意要点如下：

（1）首先将桩吊起后，放置在桩机设备的夹持箱当中。在此过程中，应确保两者正好对齐，缓慢地将桩放下，直到距离地面10cm左右的距离停下，然后启动夹持器，确保桩被夹紧后才能放松吊钩。最后移动压桩机，使得桩尖位于指定的施工位置，进行压桩施工。

（2）在夹持器夹桩时，压力要控制好，以免夹桩压力过大而把桩夹裂。

（3）第一节桩柱的压入施工是整个工程的关键，因此必须确保第一节桩柱压入时保持良好的垂直状态。在此过程中必须借助水平仪对机台进行调整，并同时在桩机的正面和侧面分别架设吊锤，以观察桩的垂直度，确保其垂直度偏差 ≤L/200。

（4）如果在施工过程中，发现桩身的垂直度存在较大的误差，应当停止施工，并拔出已经施工的桩身，重新调整确保处于垂直状态后，再进行压桩施工。整个施工过程中，应设置专人观察桩身的变化情况，对于产生的异常情况，应当立刻停工，找出原因，以便采取有效的措施校正。如果在施工过程中，桩尖已经压入到硬土层当中，此时应当避免采取强行纠偏的校正措施，避免桩身受力变形或者断裂。

（5）压桩实行桩长与压力双控，压力控制为主。根据该工程的设计要求，在压桩施工之前，应当先进行试桩施工，确保所有的压力值均满足工程设计要求方能进行正式施工。该工程的单桩竖向承载力约为490kN，而最高承载力（终压力）不超过其承载力的2倍，即980kN。由于该工程桩端持力层为粉质黏性土，因此在施工过程中，单桩的竖向承载力达到设计要求之后，应进行复压，每次复发的时间应持续5min，连续进行2次，方能终止压桩施工。

送桩施工：

（1）在此施工过程中，应当确保送桩杆轴线、桩轴线两者保持一致，以避免偏压导致桩身受力出现变形或者破碎等问题。施工过程中，还应当确保连续进行施工，尽量减少停顿间歇的时间。

（2）采用截桩器对多余的YRS方桩进行截桩施工，为了避免桩身受到损坏，该工程严禁使用大锤对YRS方桩进行横向捶打。同时截桩施工时，应不高于地表面20cm，以避免桩机等设备在行动过程中，碰撞到桩顶，导致其破损或者断裂。

接桩施工。该桩基工程接桩方法采用CO_2保丝焊。当下节桩压入土层后未达到设计要求的高度，需要进行接桩处理，此时下节桩必须露出地面超过100cm以上。接桩时，首先对需要接桩区域进行全面的清理，确保干净无异物后，然后进行四角点焊固定，再进行对称焊接，此过程中焊缝应保持连续和饱满状态，最后待焊缝自然冷却时间超过1min后，才能继续进行压桩施工。

综上所述，随着科学技术的发展，建筑工程中应用的新技术新材料越来越多，一定程度上保障了建筑工程的施工质量。作为建筑工程常见的施工技术之一，桩基础处理技术有效提高了建筑工程地基的稳定性，保障了建筑本身的施工质量。因此，相关工作者应当重视桩基处理技术的研究，结合不同情况，因地制宜地选择相适宜的桩基处理技术，确保整个建筑工程项目高质量施工。

第五节　建筑工程后浇带施工技术的应用

在高层建筑中，因为受到了天气因素和温度因素的影响，在进行施工的时候，比较容易出现混凝土质量问题，其中热胀冷缩也会产生一定的力，因此在进行施工的时候需要合理地设置变形缝来进行应对，不过对于变形缝的设置还是存在较多的不足之处，对于工作人员来说，需要参考高层建筑的相关需求来正确使用后浇带技术，确保能够有效地应对存在的各种问题。

如今国家经济持续发展和进步，我国高层建筑数量也在持续增多，其中后浇带技术属于高层建筑中一种重要的施工技术，借助这项技术，能够有效地避免在建筑施工的时候出现混凝土裂缝的情况，不过对于存在的问题需要参考建筑环境和施工环境做出更加深入地分析，本节分析了高层建筑对于后浇带施工技术的使用，希望可以给相关的人员提供一定的参考。

一、使用后浇带施工技术的重要性

如今后浇带技术的使用范围还是会受到一定的限制，在使用的过程中需要参考建筑结构的实际尺寸，控制好结构的最大间距，因为大部分情况下结构平面相对复杂，因此需要借助后浇带技术来进行应对，这项技术能够有效地应对温度收缩和墙体裂缝等问题，在高层建筑中建筑能够划分成主体房和非主体房两个部分，而且可以达到一个良好的效果，如今需要控制好混凝土的含水量，使得混凝土的含水量小于3%。不过在这个时期在处理一些问题的时候，需要协调好压力差和浇筑时间，减少沉降给施工造成的影响，并且在进行施工的时候需要仔细地分析存在的温度因素，要是温度过高，整体的建筑会随着温度的上升进而出现膨胀的情况，要是温度减小，整体的建筑也会因为温度降低产生收缩的情况，如此高层建筑墙体比较容易产生裂缝的情况，要想能够有效地应对这个问题，就需要借助后浇带技术来控制由于温度使得建筑产生的收缩力，这样也能够显著提升高层建筑的抗温能力。

二、后浇带技术在建筑工程中的使用原则

后浇带的设置。对于后浇带的设置属于后浇带施工技术使用的主要内容，在进行建筑施工的时候比较容易产生混凝土裂缝问题，要想能够更好地借助后浇带技术来应对混凝土开裂的情况，就需要在进行后浇带施工的时候是否建筑物中存在的约束力，释放约束压力之后可以有效地把混凝土填充到混凝土膨胀的部分，而且能够显著提升建筑物的抗压能力。由于建筑物设计规模和设计种类存在一定的差异，不同的建筑项目对于后浇带的设置也有所不同，要想可以更好地保障后浇带施工效果，就需要在进行施工的时候严格参考施工技术规范以及标准开展操作，防止因为操作不规范进而产生安全隐患。

后浇带技术的设计。如今高层建筑和裙房结构的基础设计有着紧密的联系，不过在建筑设计时期对于后浇带技术的使用需要把高层建筑和裙房结构基础设计进行区分，建筑项目施工时期需要增强对于建筑物沉降率的重视，在使用后浇带施工技术的过程中，最开始需要仔细地分析施工现场的实际情况，之后掌握建筑项目的施工特点和存在的各种施工需求，严格参考建筑项目的考察结果完成后浇带技术设计工作。在这个时期，建筑项目使用后浇带施工技术的时候，需要得到施工单位的许可，等到许可之后再正确开展后浇带施工技术处理。

后浇带技术施工时期的距离问题。在进行建筑施工的时候，对于后浇带技术的使用需要控制好存在的距离问题，其中距离问题包括：①需要控制好施工部位的距离，使得相邻的施工部位保留一段合理的距离；②需要参考项目施工的实际情况控制好具体的施工宽度，而且需要把建筑时期结构构造的相关需求当作基础，正确进行调整，确保可以满足存在的各种需求；③施工技术人员需要在进行后浇带施工的时候，保障梁板上的受力钢筋处于一个畅通的状态，不会产生中间断开或者是纠缠到一块的情况，给之后的各项工作提供一定的保障；④在进行建筑施工的时候，需要在后浇带梁板上正确设置小斜缝，斜缝的大小需要满足后浇带梁板和建筑项目施工存在的各种需求。

三、后浇带施工技术在高层建筑使用的质量控制要点

增强对于施工人员操作和管理的控制力度。高层建筑工程通过对于后浇带施工技术的使用，能够显著增强后浇带施工质量，如此需要增强对于施工人员的管理力度，特别是在进行施工的时候需要开展全面的监督和管理，增强对于相关人员的专业技能培训，之后对于后浇带施工比较容易威胁施工人员人身安全的步骤开展全面的培训，确保施工人员能够熟练地掌握具体的施工步骤和施工技术技术方法。不仅如此，也需要确保施工人员参考相关施工原则和施工流程来开展施工，确保整体的施工流程可以顺利地开展，各项操作步骤可以满足国家的相关规范和需求，最后就是需要参考相关的规定来开展施工验收工作。

后浇带防水预防控制要点。如今需要参考实际的施工流程来开展分析工作，在进行后浇带施工的时候要是存在不规范的情况，或者是处理工作不够合理，就会使得建筑内部结构产生渗漏薄弱部分，进而影响到整体的施工质量。如此就需要高度重视对于后浇带防水措施的落实，最开始需要正确使用二次振捣技术，提升混凝土界面结合力，增强混凝土的密实性。接着就是在进行施工之前需要及时地清理接缝面部分，开展凿毛处理。在这个时期，后浇带浇筑施工需要在混凝土收缩变形之后开展，正确使用各种材料，处理好后浇带的面部区域，参考相关的工程需求来提升技术使用的规范程度，这样不仅能够显著改善高层建筑后浇带工程防水质量和防水效果，而且能够显著提升整体的建筑质量。

后浇带成品保护质量研究。在使用后浇带施工技术的过程中，需要控制好后浇带的成本，保障整体的后浇带质量，最开始需要正确标志后浇带在高层建筑施工现场的具体位置，提升相关施工人员后浇带的保护意识，接着就是需要增强对于后浇带钢筋的质量，避免钢筋长时间处于暴露的室外环境中，如此就需要正确涂刷防锈漆，把塑料薄膜覆盖到钢筋上部，避免出现水分渗漏的情况。等到支设后浇带模板之后，不可以随意地调整模板的位置，等到混凝土强度达标之后才能够进行拆模，不过在拆除下部架体的过程中需要防止给后浇带模板支撑体系造成一定的影响。不仅如此，需要把砖带浇筑到后浇带的上侧，把水泥借助圆弧的形式来进行涂抹，而且需要使用塑料膜来覆盖上部部分，确保后浇带的成品质量能够得到保障。

后浇带施工技术属于高层建筑的重要施工技术，这项技术和混凝土浇筑质量和浇筑效率有着紧密的联系，因此要想能够更好地显示出后浇带技术的使用效果，就需要分析存在的不足之处，选择合理的措施，确保可以有效地改进整体的建筑工程质量。

第六节 建筑工程管理中环保施工的应用

在现代社会的发展过程中，城市化发展不断加快，社会发展也越来越关注城市工程的建设，在近年来的发展中，建筑工程在施工中产生了很多环境问题。本节主要阐述了建筑工程管理的过程中环保施工的具体应用，希望能对建筑工程建设项目带来启发。

现阶段，我国经济不断发展，进而不断推进城市化的进程，但建筑工程量的增加，也造成了严重的环境问题，同时，人们也已经逐渐意识到环境问题的严重性，为了缓解这一问题，就必须提高人们的环保意识，要求建筑行业应当做到环保施工，使之成为一种发展趋势。从目前来看，建筑工程在管理的过程中，存在着各种各样的环境问题，为了使得这些问题得到解决，就必须贯彻落实科学、合理的环境保护工作，为居民创造良好的环境提供强有力的保障。

一、环保型施工在建筑工程管理中应用的必要性

由于我国城市建筑工程项目不断增加，施工量的急剧增长给环境造成了巨大的压力，甚至还影响人们的日常生活，为此，如果想要使得当前的情况得到改善，就必须提高建筑工人的环保意识，让他们意识到环保施工对于建筑工程的重要性，从而缓解建筑施工对生态环境造成的影响。一方面，在沟渠开挖施工过程中，由于施工不当会导致废水污染严重，一旦废水出现外泄等情况，就会使得居民的正常生活受到影响。另一方面，在施工的过程中，还要注意大气污染的治理工作，例如说，运输途中汽车尾气的排放、施工设备的废气污染等，此外，还要注意施工过程中的尘土灰尘的增多给附近居民带来的影响。除了废水和大气污染外，施工单位还要注意噪音污染，尽量使得施工的机器设备的声音降到最低，避免因为噪声影响了人们的生活。

二、建筑工程施工中的污染

颗粒污染。传统的建筑施工过程中，由于不重视空气的污染，往往会产生粉尘颗粒，对环境的破坏性极大，甚至还威胁着人们的健康。因此，建筑企业应当做好各个环节的环境保护工作，首先，要对建筑拆除工作以及施工前材料的运输进行控制，减少尘土以及细微颗粒的产生。其次，在施工过程中，所制造出来的垃圾以及居民生活废品也越来越多，造成环境污染问题愈演愈烈。与此同时，居民由于受到粉尘环境的影响，特别容易患上呼吸道疾病，使他们的生命安全受到威胁。

噪音污染。在建筑施工的过程中不可避免的会产生噪音污染，然而噪音却是最扰民的建筑工程问题。根据相关调查显示，噪音污染的污染源有 5% 以上都来自建筑造成的污染，严重影响了人们的日常生活。工程施工中之所以能够产生过量的噪音污染主要是由于机械设备所发出的噪音，其主要包括挖掘机、装载机、打桩机以及搅拌机等。此外，在建设或者拆除的过程中，钢筋水泥以及脚手架直接相互碰撞也会产生噪音。正是由于这些噪音污染的存在，才使得居民的生活未能得到保障。

光污染。所谓光污染就是指在施工过程中由于焊接所导致的发光现象以及一些可反光的建筑物在光的照射下所产生的反光现象。虽然光污染不像颗粒污染和噪音污染那样对我们的生活产生直接的影响，但是一旦光污染严重，那么也会给我们的生活带来严重的灾难。它同时也是建筑企业关注的重点问题之一，一旦光污染严重，可能会导致交通事故的发生，严重威胁着人们的生命安全。另外，在焊接的过程中，稍有不慎就可能引起火灾事故，为此，光污染同样也是建筑工程中治理的重中之重。

高空坠物。在建筑工程施工的过程中，除了上述污染外，还存在着高空坠物的安全隐患。由于建筑企业要搭建建筑物，不可避免的将会进行高空作业。为了使得建筑工程得以实施，往往会将建筑所需资料通过一定的方式运往高空中，但是其风险也是极大的，由于风力等众多不可抗因素的存在，就会导致一些材料高空坠落，这将会让我们的出行安全受到损害，严重时还可能会引发交通事故。

三、建筑工程环保型施工的应用措施

噪音污染治理措施。在传统的施工过程中，噪音一直都是治理污染的重中之重，直接影响了居民的日常生活，受到了居民强烈的反对。要想使得这一问题得到控制和解决，就要求建筑施工单位在施工中注意以下几个问题。首先，对于不同的机械设备所产生的噪音要做到有效预防，例如说，对于那些运输过程中不可避免的装载机以及运输车辆，要做好隔离工作，对于噪音要进行实时的监测，一旦声音过大，就要通知相关部门做出及时的调整。白天的噪音分贝最好控制在70dB以内，而夜晚为了避免影响居民休息，噪声最好降到50dB。

颗粒污染的防治措施。对于建筑施工过程中产生的颗粒污染，其威胁着我们的生活，为此，施工单位为了防治颗粒污染可以从以下两个方面来进行治理：①在施工单位管理者的领导下，管理人员应当督促施工人员对污染项目进行逐一排查，对那些容易产生颗粒污染的建筑材料进行处理，在使用的过程中尽量减少颗粒的产生；②在运输建筑材料的过程中，建筑公司应当做好准备工作，可以预先在路面喷洒水或者应遮盖毡布等方式减少颗粒污染；其次，对于运输路线的选择也是建筑企业应当考虑的因素之一，运输路线一定要避免人群密集区域，尽量选择人口居住少的路线进行运输工作。

光污染现象的防治。现阶段，随着各种各样新型材料的问世，光污染的产生因素也越来越多，其对于我们的生活也产生了巨大的影响。要想使得光污染得到缓解，建筑企业就必须从源头上消除污染。建筑企业在施工时难以避免的会焊接建筑物，要想使得电弧焊的强光减弱，就必须根据施工环境安装防护围栏来缓解强光的照射。此外，防护栏的建立还可以有效地降低火灾事故的发生，从而保障人们的生命财产安全。

注重节水、节材施工。为了确保建筑施工过程中环境问题得到改善，就必须以绿色施工为原则，施工单位要树立环保意识，增强员工的责任心，积极应对施工中所产生的各种环境问题，从而做好施工污染的控制工作。与此同时，对于企业而言，环境安全至关重要，如果想要改善环境问题，就必须制定相关的环保方案，并贯彻落实相关工作。此外，企业还要注

重对于资源的节约，注重节水、节材。为此，在施工期间，建设单位应当选择合理的节水型生活用水器具，注重节水标注的设置，从源头上解决节水问题。

对于建筑材料的节约，建筑单位应当对于施工材料的需求有一个预先的估计，合理安排材料的支出与购进，不要积压太多库存，也不能出现材料的短缺，进而保证环保施工。另外，对于机器设备的选择企业也应当做好测试，对于那些节能性较差的机器设备进行更换，尽量选择技术先进的节能减排的新型设备，进而适应环保施工的要求。

综上所述，环保施工对于建筑企业的管理具有重要意义。建筑企业应当在环保施工理念的引导下，贯彻落实环保施工工作，健全环境保护体系。这就要求企业应当利用不同的手段在施工的各阶段进行环保施工，此外，还要提高施工人员的素养，让他们真正意识到环保施工对于企业的重要意义，企业也应当注重技术的发展，优化处理废物的过程，减少污染的排放，避免施工行为对周边环境造成严重影响。

第七节 建筑工程混凝土浇筑施工技术的应用

长期的经济发展背景之下，人们的购买能力不断提升，对于房屋购买的需求也在逐步增大，建筑行业随着兴起并得到良好发展。建筑行业的发展离不开技术的支持，其中，混凝土的使用是当前国内外建筑行业的基础，混凝土并非简单的原材料混合，而是需要在技术支持下进行精确操作，才能达到建筑工程的标准。本节针对建筑工程内混凝土的浇筑施工技术进行讨论，希望建筑行业内加大对混凝土的质量监管，确保工程质量。

在建筑行业中，施工技术得到不断更新，对混凝土的要求也在提高，因此，对浇筑技术的进一步探究是建筑行业必须进行的环节。当前建筑中，高层、山地建筑也越来越多，建筑技术得到广泛应用，为建筑行业提供技术支持，但是在实际应用中仍旧存在一些问题等待被解决，这对后期的工程质量等产生影响。因此，在使用浇筑技术时，应当严格按照技术要点，按照操作规定进行作业，避免产生质量问题。

一、混凝土浇筑

建筑工程中的混凝土浇筑是工程中的基础步骤，利用混凝土与钢筋形成建筑结构，形成建筑根基。其中，混凝土的浇筑过程非常重要，对建筑的安全性和稳固性有很大的影响。当混凝土的浇筑没有达到一定的标准，则会导致混凝土质量不过关，产生裂纹、表面粗糙等倾向，因此，施工人员需要随时关注混凝土浇灌过程中的状态，为建筑工程提供坚实的基础。

具体含义。混凝土浇筑主要是利用已经混合好的混凝土在建筑的固定位置进行搅拌和浇筑的基础技术。混凝土是施工人员将水泥、砂石、水等材料与特殊添加剂进行混合搅拌形成的施工材料，该材料具有稳固、安全的特点，混合操作也比较简单，在当前的建筑行业中使用非常广泛，因此，对于混凝土进行浇筑的工艺也需要紧随混凝土的使用频率，进行更加深入的技术更新。但是，当前的建筑行业中，对于混凝土的质量检测不足，对于该技术的使用比较简单，没有达到建筑施工中的要求。对此，施工人员应当制定相关规则，让混凝土浇筑技术操作更加规范，提升建筑效率和质量。

施工意义。对于一个建筑项目来说，对混凝土浇筑技术的正确使用具有一定的意义。主要表现在技术本身、工程和施工人员等各个方面，具体表现在以下几点：

（1）随着建筑行业的不断发展，对于各个环节上的技术都有了更加具体、更高的要求，混凝土的浇筑技术必须在长期的建筑施工过程中得到更大的进步。针对浇筑的实践、强度、区域内的差别等问题，长期的实践和总结过程中才能得到更加精确的数据，从而使技术本身得到提升，并将提升成果用到工程上面，保证工程质量。

（2）对于一个建筑工程来说，混凝土浇筑技术的使用是基础，操作完整、达标的浇筑过程能够为工程打下良好的基础，有利于建筑工程的完成。

（3）对于施工人员来说，定时检测混凝土状态，在浇筑过程中随时关注浇筑效果等，都能帮助施工人员增长经验，为以后的发展提供参考。

二、施工关键技术

利用浇筑技术进行施工作业时，施工人员需要及时熟练掌握相关技术要点，针对施工的准备、进行和后期维护等工作进行针对性作业，确保整个浇筑过程的安全、质量和效率等都达到要求，从而为建筑工程做好基础性保障。

施工准备。在施工准备阶段，需要针对不同的施工现场进行分析，确定原材料、施工人员的数量。针对建筑特点和用户要求，做出设计方案，将每一个施工环节中可能出现的问题逐一分析，提出相应的措施。具体到浇筑技术的使用，最为重要的准备工作在于原材料的准备和人员的确定。

（1）材料的质量是最终浇筑质量呈现的基础，需要得到施工人员的重视。对于材料的选择要根据具体需要进行。同时，相关人员需要深入了解各个材料的性质和特点，例如快硬水泥与粉灰煤水泥的差别等，这样既能使施工人员正确选择原材料，也能使他们在进行调配的时候更好地把握下料的比例，保证混凝土形成的质量。目前的施工现场，混凝土最为常见的质量问题表现为裂缝，这就说明混合原材料时水分过多，其原因主要是配料的比例把控不严。因此，在施工现场，施工人员应当对材料选择和配料比例等进行统一规定，让施工人员有标准可以参考，从而对施工效果做出保障。

（2）对于施工人员，需要进行严格筛选，确保施工人员的技术过关，并确定施工人员的数量，以达到施工人员的合理分配，从而提升施工效率。

浇筑作业。进行浇筑作业之前，应当首先对混凝土进行分层，严格控制分层的厚度，确保混凝土的每一层的全覆盖，对初步凝固时间做出规定，避免出现裂缝。浇筑时，需要检查混凝土的状态，当出现水土分离的情况时，需要将混凝土进行二次搅拌，确保其混合程度达标，进行浇筑时，不能额外施加压力，最好的状态就是让混凝土自然浇入，在水平线上进行分层，推移时需要保证该步骤的完整。

当前的建筑项目中，多使用全面分层的方法进行浇筑，只需要按照浇筑原则进行分层，然后每一层进行浇筑即可，具体使用中则应该将从混凝土的短边开始浇筑，沿着长边进行作业，操作方法比较简单。另外，对于一些较小规模的工程来说，可以使用分层浇筑方法，将全部的混凝土结构进行分隔，针对每一个板块进行分别浇筑。而余面分层的特点是一次性作业，这种操作方法速度很快，但是很容易造成混凝土产生裂缝，因此，这种方法对原材料的要求较高，最好选择粉煤灰水泥，在进行混凝土搅拌时还需要控制温度。

振捣作业。振捣作业步骤是确保混凝土符合施工标准的关键步骤，目前的建筑施工中，对于该作业步骤有严格的技术要求。首先，混凝土在浇筑中垂直高度不能超过2m，而振捣过程中，需要随时关注混凝土浇筑效果，根据不同的建筑结构和钢筋位置进行及时调整，振捣频率和振捣位置也需要提前设计，做出标准计划，正确的振捣过程能够有效避免混凝土产生裂纹。

混凝土的浇筑最好选择分层进行，一般来说，浇筑层的高度应当是振捣器长度的1.25倍，在使用振捣器时，需要注意动作频率，注意插入时速度要快于拔出来，插入点应当设置均匀，确保每一部分都进行实际作业，移动间距最好控制在35cm左右，振捣上一层时需要向下层插入5cm左右，避免浇筑过程中存在缝隙。

养护作业。在浇筑步骤进行的过程中，应当及时进行养护工作。首先，在浇筑前期，施工人员应当及时关注混凝土的状态，避免出现水土分离、混凝土冷凝的情况。而养护工作的时间长短也根据混凝土的状态决定，从而确保混凝土的强度达标。浇筑工作完成之后，也需要针对已经成型的混凝土进行维护，定时检测其湿度，关注当地气温变化，对不同时段的气候状况采取相应的措施，尽可能减少外部因素对浇筑工作的影响，对于一些温差较大的地区，在冬季需要做好混凝土保温工作，日常可以使用麻片等进行养护工作，从而有效避免混凝土产生裂缝的情况。

总而言之，混凝土的浇筑工作是建筑工程的重点，要想建筑工程得到有效的质量保障，就需要在混凝土浇筑工作上不断进步，从准备工作到最后的养护工作都能做出有效监督，确保其质量过关。在未来，建筑行业将继续得到大力发展，而行业内部良好的技术支持是其发展的基础，需要得到每个施工人员的重视，严格遵循浇筑方式，不断提升自身的技术能力，为建筑工程提供技术保障。

第九章　建筑单位施工质量问题和质量事故的处理

第一节　建筑单位质量问题及处理

建筑是我国的支柱产业，为了保证我国经济的稳步增长，促进建筑事业健康的发展，必须做好建筑工程的质量管理，保证建筑竣工后的安全性，避免在投入运营后出现安全隐患，导致人们的生命安全问题。

在很多建筑工程中都是由于质量管理不到位，进而造成非常严重的经济损失，例如宁波大桥，由于质量不合格，使用中就出现了坍塌事故，九江区域的长江大桥，在施工过程中监管不严格，出现严重的偷工减料行为，出现了大江决堤问题，总结这些建筑工程中出现的问题，发现其造成的后果非常严重，而且企业也面临很大的经济损失，得不偿失，因此进行质量管理非常有必要性。下面就对这些方面进行分析，希望给有关人士一些借鉴。

一、在质量管理中所面临的问题分析

（一）施工企业在质量管理中存在的问题

在很多建筑企业调查中发现，一线施工人员的整体文化水平不高，而且大部分都是农民工，在现场调查中得知，其基本上都没有经过系统化、正规化的培训，一般都是自学，或者是边施工边学习，还有师傅带着施工，因为其专业技能有限，在整个施工过程中，不可避免地会出现一系列的安全隐患，除此之外，其个人素质不高，没有岗位责任心，在其他人的怂恿下，为了一点利益开始利用岗位便利，偷工减料，以次充好，追求个人经济利益，牺牲企业的经济利益，片面地追求施工进程，进而造成重大的工程质量问题，极大地影响了建筑企业的发展，同时也导致企业名誉受损。在建筑工程企业中，缺乏相关的管理人才，尤其是一些高级的管理人才，这样在企业内部管理人才失衡，没有一个合理的布局，长期发展下去，优秀的管理人才流失；另一方面，企业在管理人才的制度方面，体制方面也存在一些问题，需要以后进行完善。

（二）监理人员在质量管理中存在的问题分析

监理单位也是建筑质量的重要保障，如果日常监督管理不合格，没有将工作落到实处，那么建筑质量也会存在很多问题，制约企业的进一步发展。第一点，在管理中进行施工单位

资质审查时，没有严格按照规定要求核对，很多资质不够的单位都流入到了建筑市场中，那么其在承建建筑后，整个过程中会出现很多漏洞，问题不可避免地都会存在。第二点，建设单位，以及监督管理单位人员个人责任心不强，没有一个明确的工作目标，在岗位上收受贿赂，因此在实际工作中，出现不敢管、不能管的局面，这样该工程肯定是豆腐渣工程。第三点，在监督管理中，执行人员责任心不强，不重视自己的工作责任，也没有意识到工作的重点，对材料、工序没有进行严格的监督管理，很多监督人员不知道具体的工序程序，对材料质量也没有一个基础的鉴别能力，只是由施工人员决定，导致使用材料质量问题严重。第四点，在很多环境下，由于多种因素导致，对施工工期要求较严，施工人员为了追赶工期，后续的养护没有跟上，很多程序都省略了，因此存在很多安全隐患。

（三）政府在监督中存在的问题

政府监督对施工质量起到指导性的作用，虽然进入市场经济，但是很多政府部门的管理思想还停留在计划经济时代，管理方式、管理理念都没有跟上时代的步伐，很多政府的监督人员，还习惯于之前的质量检查员角色，习惯于签字认可，习惯于对实体质量评头论足，习惯于发号施令。这些都是长期诟病的沉淀，因此相关领导要对员工进行统一的培训，让其明白岗位责任，清楚认识到落实工作的重要性，同时对监督管理的专业知识进行培训，清楚不同施工阶段的管理重点，清楚各个工序的注意事项，让其在监督管理中有的放矢，不能无病呻吟，提高工作的实际效率，将每一道施工工序都掌握在监督人员的手中，这样就能保证建筑工程的质量，同时提高施工的整体进程，有利于我国的现代化建设。

二、建筑单位质量管理的有效策略分析

（一）建立健全的质量管理法规

为了保证建筑工程的质量，必须先建立一个健全的法律法规体系，其是执行质量管理的依据，如果出现问题，可以按照相关的制度条例对企业、责任人进行处罚，让质量管理工作做到有据可依，有理可查，让工作制度化、规范化、透明化。除此之外，严格实行建筑工作招投标制，充分体现现代市场竞争中的公平性，对经营管理模式进行改革，进而推动企业努力发展技术，应用先进的现代化技术，降低施工成本，提高施工效率，当整个建筑行业都向技术方向、效率方向看齐的时候，就可以避免出现腐败行为，保护建筑市场向健康的方向发展。在此基础上，还应该完善建筑工程的监理制度，这样在执行工作中，不需要建立之前庞大的工作指挥部门，整个管理流程缩短，管理效率得到深入提高，为建筑工程质量做好了保证。

（二）严格对施工材料进行管理

业内人士都清楚施工材料对工程质量的重要性，如果没有合格的施工材料，在工程建设中使用先进的技术也不能提高整体的质量，保证施工材料质量是保证工程安全的前提。因此在材料采购中要选择责任心强的员工，到市场上进行观察和选择，通过货比三家的方法选择

出几个性价比比较高的供应商，然后对这几个供应商进行加工现场的考察，观察生产厂家的综合能力，同时对生产出来的材料各个参数进行检查，合格后就可以签署长期的合作合同。在材料运送到施工现场后，使用有责任心的监理人员，先进行材料质量的检查，可以通过抽检，对一些重要材料可以进行全面检查，避免出现以次充好的问题，如果发现不合格材料，坚决不能让材料进驻现场，然后和供应商进行联系，性质严重的情况可以终止合作关系。

（三）强化政府的监督管理职能

在进行工程建设的时候，为了保证施工质量，就必须按照相关程序进行，如果不按照程序操作，为了追赶进度擅自更改流程，那么施工质量肯定得不到保证。对于政府而言，在建筑工程质量管理方面，其起到主导作用，在日常工作中，针对建筑方面所存在的问题，保证执法的公平性，完善相关的立法，同时建立一个公平有效的监督管理机制，为建筑工程质量的提高提供一个良好的外部条件。结合国外的一些经验，可以引入资质评定、设计审核、审核制度等，保证工程建设按照基本的建设程序执行。在落实工作中，要根据监督工程承包单位评定的工程质量等级，检验与项目有关的各单位上报的工程项目质量评定报告，处理具体化的问题。

通过以上对建筑工程质量管理存在问题及对策分析，发现施工企业方面、监理单位方面以及政府方面都存在问题，为了推动我国建筑事业的发展，必须结合实践工作，总结工作中存在的问题，然后采取有效措施，从根本上执行，解决这一系列的问题，将工作落到实处，提高工作的实效化。

第二节　建筑单位质量事故处理的依据和程序

一、建筑单位质量事故处理的依据

建筑工程质量事故发生后，事故处理的基本要求是：查明原因，落实措施，妥善处理，消除隐患，界定责任。其中的核心及关键是查明原因。进行建筑工程质量事故处理主要依据有：建筑工程质量事故的实况资料；具有法律效力的工程承包合同、设计委托合同、材料或设备购销合同以及监理合同等文件；有关的工程技术文件、工程技术档案资料和相关的建设法规。

（一）建筑工程质量事故的实况资料

要查明事故的原因和确定处理的对策，首要的是掌握建筑工程质量事故的实际情况。有关建筑工程质量事故实况的资料主要来自以下几个方面。

（1）施工单位的工程质量事故调查报告。建筑工程质量事故发生后，施工单位有责任就发生的建筑工程质量事故进行周密的调查、研究，掌握情况，并在此基础上写出调查报告，提交给监理工程师和业主。建筑工程质量事故调查报告包括的内容有：

1）事故发生的时间、地点。

2）事故状况的描述。

3）事故发展变化的情况（其范围是否扩大，程度是否稳定）。

4）有关事故的观测记录，事故现场状态的照片或记录。

（2）监理单位调查研究所获得的资料。其内容大致与施工单位调查报告中有关内容相似，可用于和施工单位所提供的情况对照、核实。

（二）有关合同及合同实施情况

（1）相关合同文件。具有法律效力的工程承包合同、设计委托合同、材料或设备购销合同以及监理合同等合同文件。

（2）合同文件的实施情况。确定在施工过程中的有关各方是否按照合同有关条款实施其活动，以此寻找产生事故的原因，它是界定质量责任的重要依据。

（三）有关的技术文件和档案

（1）有关的设计文件包括施工图纸和技术说明等。施工图纸和技术说明是施工的重要依据，一方面检查设计是否有问题，是否是造成事故的原因；另一方面核查施工单位是否按设计要求和规定进行施工。

（2）有关施工技术文件、档案。主要有：施工组织设计、施工方案、施工计划、施工记录、施工日志等施工文件；有关建筑材料的质量证明材料，包括材料批次、出厂日期、出厂合格证和检验报告、施工现场制备材料的质量证明材料；事故发生后对事故状况的观测记录、试验记录或试验报告等其他有关资料。

（四）相关的建设法规

建设法规主要有《建筑法》《建设工程勘测设计企业资质管理规定》《建筑业企业资质管理规定》《工程监理企业资质管理规定》等。另外，还有相关合同法，质量标准，质量检验规定等。

二、建筑单位质量事故分析处理的程序

事故发生后，应及时组织调查处理。调查的主要目的，是要确定事故的范围、性质、影响和原因等，为事故的分析与处理提供依据。事故调查一定要力求全面、准确、客观。

（一）发现质量问题

施工中应善于观察，采取有效措施防范质量问题和事故的发生。一旦发现工程有质量问题或者质量事故发生后，应停止有质量问题部位和其有关部位以及下道工序的施工，需要时还应采取有效的预防措施，防止质量问题的扩大。

7（二）写出质量事故报告

建筑工程质量事故发生后，总监理工程师应签发《工程暂停令》，要求停止进行有质量缺陷部位和与其有关联部位及下道工序施工，并要求施工单位采取必要的措施，防止事故扩大并保护好现场。同时，要求质量事故发生单位迅速按类别和等级向相应的主管部门上报，并于24小时内写出书面报告。

建筑工程质量事故报告应包括以下主要内容：

（1）事故发生的单位名称，工程（产品）名称、部位、时间、地点。

（2）事故概况和初步估计的直接损失。

特别重大质量事故由国务院按有关程序和规定处理；重大质量事故由国家建设行政主管部门归口管理；严重质量事故由省、自治区、直辖市建设行政主管部门归口管理；一般质量事故由市、县级建设行政主管部门归口管理。

工程质量事故调查组由事故发生地的市、县级及以上建设行政主管部门或国务院有关主管部门组织成立。特别重大质量事故调查组组成由国务院批准；一、二级重大质量事故由省、自治区、直辖市建设行政主管部门提出组成意见，相应级别人民政府批准；三、四级重大质量事故由市、县级行政主管部门提出组成意见，相应级别人民政府批准。严重质量事故，调查组由省、自治区、直辖市建设行政主管部门组织；一般质量事故，调查组由市、县级建设行政主管部门组织；事故发生单位属国务院部委的，由国务院有关主管部门或其授权部门会同当地建设行政主管部门组织。

（三）调查组展开工作

工程管理人员及监理工程师在事故调查组展开工作后，应积极协助，客观地提供相应证据，若监理方无责任，监理工程师可应邀参加调查组，参与事故调查；若监理方有责任，则应予以回避，但应配合调查组工作。质量事故调查组的职责是：

（1）查明事故发生的原因、过程、事故的严重程度和经济损失情况。

（2）查明事故的性质、责任单位和主要责任人。

（3）组织技术鉴定。

（4）明确事故主要责任单位和次要责任单位，承担经济损失的划分原则。

（5）提出技术处理意见及防止类似事故再次发生应采取的措施。

（6）提出对事故责任单位和责任人的处理建议。

（7）写出事故调查报告。

（四）事故原因分析

事故原因分析要建立在事故情况调查的基础上，避免情况不明就主观分析推断事故的原因，特别是对涉及勘察、设计、施工、材质、使用管理等方面的质量事故时，事故的原因往往错综复杂。因此，必须对调查所得到的数据、资料进行仔细地分析，找出真正事故的主要原因。

（五）制订质量事故技术处理方案

当监理工程师接到质量事故调查组提出的技术处理意见后，可组织相关单位研究，并责成相关单位完成技术处理方案，并予以审核签认。质量事故技术处理方案，一般应委托原设计单位提出，由其他单位提供的技术处理方案，应经原设计单位同意签认。技术处理方案的制订，应征求建设单位意见。技术处理方案必须依据充分，应在质量事故的部位、原因全部查清的基础上，必要时，应委托法定工程质量检测单位进行质量鉴定或请专家论证，以确保技术处理方案可靠、可行、保证结构安全和使用功能。

（六）制定施工方案设计、监理实施细则

技术处理方案核签后，监理工程师应要求施工单位制定详细的施工方案设计，必要时应编制监理实施细则。

（七）质量事故技术处理

根据制定的质量事故处理方案，对质量事故进行仔细的处理，处理的内容主要包括：事故的技术处理，以解决施工质量不合格和缺陷问题；事故的责任处罚，根据事故的性质、损失大小、情节轻重，对事故的责任单位和责任人做出相应的行政处分乃至追究刑事责任。

（八）质量事故处理结果鉴定

对施工单位完工自检后报验结果，组织有关各方进行检查验收，必要时应进行处理结果鉴定。要求事故单位整理编写质量事故处理报告，并审核签认，组织将有关技术资料归档。

事故处理后，应尽快提交完整的事故处理报告，其内容包括：

（1）事故调查的原始资料、测试数据。

（2）工程质量事故调查情况、原因分析（选自质量事故调查报告）。

（3）质量事故处理的依据。

（4）质量事故技术处理方案。

（5）事故检查验收记录。

（6）事故处理的结论等。

第三节　建筑单位质量事故的分类及处理原则

建筑工程质量与广大人民群众的生活息息相关，为了加强对建筑工程质量的管理，保证建筑工程质量，保护人民生命财产安全，1997年11月1日我国第一部《建筑法》颁布实施，2000年1月30日国务院又颁布了《建筑工程质量管理条例》。随着国民经济迅猛发展，建筑业也得到了空前发展，现代工程项目建设规模不断扩大，建设项目工程更加复杂。虽然目前

建筑工程管理和建筑技术有了很大进步，工程质量有明显提高，但是工程质量通病还普遍存在，工程质量事故时有发生。了解工程质量通病及事故的发生原因，掌握处理方法及预防措施，对建筑工程技术人员显得尤为重要。

建筑工程质量指在国家现行的有关法律、法规、技术标准、设计勘察文件及合同中，对工程的安全、使用、耐久及经济美观、环境保护等方面有明显和隐含能力的特性综合，即工程实体的质量。由建筑产品的特点可以知道，其质量蕴含于整个工程产品的形成过程中，要经过规划、勘察设计、建设实施、投入生产或使用几个阶段，每一个阶段都有国家标准的严格要求。

"百年大计，质量第一"是建筑工程行业的一贯方针。然而，由于管理制度、管理者水平、技术人员素质等各方面原因，建筑工程质量缺陷司空见惯，质量事故时有发生。我国建筑工程质量的现状是：代表性工程质量均达到了国际标准，但总体水平仍然偏低，工程合格率低，"劣质工程"不少，倒塌事故屡屡发生，质量通病普遍存在。工程质量事故涉及面广泛，不仅造成严重的经济损失，影响人民的生命财产安全，而且还直接关系到国家经济建设的成败，必须引起高度警觉和重视。

一、建筑单位质量事故分类

（一）建筑单位质量事故的概念

确定建筑工程质量的优劣，可从设计和施工两方面考虑。我国《建筑结构设计统一标准》（GB50068-2001）规定，建筑的结构必须满足下列各项功能的要求：

（1）能承受在正常施工和正常使用时可能出现的各种作用。

（2）在正常使用时具有良好的工作性能。

（3）在正常维护下具有足够的耐久性能。

（4）在偶然事件发生时及发生后，仍能保持整体稳定性。

《建筑工程施工质量验收统一标准》（GB50300-2001）重新修订后于2002年1月1日起实行，各专业工程施工质量验收规范也相继修订实施。本节所指的质量事故泛指不符合《建筑工程施工质量验收统一标准》（GB50300-2001）的规定，达不到《建筑结构设计统一标准》（GB50068-2001）的要求者。"建筑工程质量缺陷"指建筑工程中经常发生和普遍存在的一些工程质量问题，工程质量缺陷不同于质量事故，但是质量事故开始时往往表现为一般质量缺陷而易被忽视。随着建筑物的使用或时间的推移，质量缺陷逐渐发展，就有可能演变为事故，待认识到问题的严重性时，则往往处理困难或无法补救。因此，对质量缺陷均应认真分析，找出原因，进行必要的处理。

（二）建筑单位质量事故的分类

建筑工程项目的建设，具有综合性、可变性、多发性等特点，导致建筑工程质量事故更具复杂性，工程质量事故的分类方法可有很多种。

(1)依据事故发生的阶段划分。可分为施工过程中发生的事故、使用故程中发生的事故、改建扩建中发生的事故。

(2)依据事故发生的部位划分。可分为地基基础事故、主体结构事故、装修工程事故等。

(3)依据结构类型划分。可分为砌体结构事故、混凝土结构事故、钢结构事故、组合结构事故。

(4)依据事故的严重程度划分。可分为一般事故、重大事故、特别重大事故。

二、工程质量事故的一般原因

造成工程质量事故发生的原因是多方面的、复杂的，既有经济和社会的原因，也有技术的原因，归纳起来可以分为以下几个方面：

（一）违背基本建设程序

基本建设程序是工程项目建设活动规律的客观反映，是我国经济建设经验的总结。《建设工程质量管理条例》明确指出：从事建设工程活动，必须严格执行基本建设程序，坚持先勘察、后设计、再施工的原则。县级以上人民政府及其有关部门不得超越权限审批建设项目或者擅自简化基本建设程序。但是，在具体的建设过程中，违反基本建设程序的现象屡禁不止，如"七无"工程：无立项、无报建、无开工许可、无招投标、无资质、无监理、无验收；"三边"工程：边勘察、边设计、边施工。此外，腐败现象及地方保护也是造成工程质量事故的原因之一。如重庆綦江彩虹桥1999年1月4日整体垮塌，造成40人死亡的特别重大工程质量事故，据事故现场调查，这是一个典型的"七无"工程，反映出地方建筑市场管理处于混乱状态。

（二）工程地质勘查失误或地基处理失误

地质勘查过程中钻孔间距太大，不能反映实际地质情况，勘察报告不准确，不详细，未能查明诸如孔洞、墓穴、软弱土层等地层特征，致使地基基础设计时采用不正确的方案，造成地基不均匀沉降、结构失稳、上部结构开裂甚至倒塌。

（三）设计问题

结构方案不正确，计算简图与结构实际受力不符；荷载或内力分析计算有误；忽视构造要求，沉降缝、伸缩缝设置不符合要求；有些结构的抗倾覆、抗滑移未做验算；有的盲目套用图纸，这些是导致工程事故的直接原因。

（四）施工过程中的问题

施工管理人员及技术人员的素质差是造成工程质量事故的又一个主要原因。主要表现在：

(1)缺乏基本的业务知识，不具备上岗操作的技术资质，盲目蛮干。

(2)不按照图样施工，不遵守会审纪要、设计变更及其他技术核定制度和管理制度，主观臆断。

(3)施工管理混乱，施工组织、施工工艺技术措施不当，违章作业。不重视质量检查及验收工作，一味赶进度，赶工期。

（4）建筑材料及制品质量低劣，使用不合格的工程材料、半成品、构件等，必然会导致质量事故的发生。

（5）施工中忽视结构理论问题，如：不严格控制施工荷载，造成构件超载开裂；不控制砌体结构的自由高度（高厚比），造成砌体在施工过程中失稳破坏；模板与手架、脚手架设置不当发生破坏等。

（五）自然条件影响

建筑施工露天作业多，受自然因素影响大，暴雨、雷电、大风及气温高低等都会对工程质量造成很大影响。

（六）建筑物使用不当

有些建筑物在使用过程中，需要改变其使用功能，增大了使用荷载；或者需要增加使用面积，在原有建筑物上部增层改造；或者随意凿墙开洞，削弱了承重结构的截面面积等，这些都超出了原设计规定，埋下了工程事故的隐患。

三、建筑单位质量事故处理的原则及程序

《建筑法》明确规定：任何单位和个人对建筑工程质量事故、质量缺陷都有权向建设行政主管部门或者其他有关部门进行检举、控告、投诉。重大质量事故发生后，事故发生单位必须以最快的方式，向上级建设行政主管部门和事故发生地的市、县级以上建设行政主管部门或国务院有关主管部门组成调查小组负责进行。

重大事故处理完毕后，事故发生单位应尽快写出详细的事故处理报告，并逐级上报。

特别重大事故的处理程序应按国务院发布的《特别重大事故调查程序暂行规定》及有关要求进行。

质量事故处理的一般工作程序：事故调查—事故原因分析—结构可靠性鉴定—事故调查报告—事故处理设计—施工方案确定—施工—检查验收—结论。若处理后仍不合格，需要重新进行事故处理设计及施工直至合格。有些质量事故在进行事故处理前需要先采取临时防护措施，以防事故扩大。

对于事故的处理，往往涉及单位、个人的名誉，涉及法律责任及经济赔偿等，事故的有关责任者常常试图减少自己的责任，干扰正常的调查工作。所以对事故的调查分析，一定要排除干扰，以法律、法规为准绳，以事实为依据，按公正、客观的原则进行。

第四节　建筑单位质量事故处理方案的确定及鉴定验收

一、建筑单位质量事故处理的要求和方法

（一）质量事故处理的基本要求

（1）处理应达到安全可靠，不留隐患，满足生产、使用要求，施工方便，经济合理的目的。

（2）重视消除事故的原因。这不仅是一种处理方向，也是防止事故重演的重要措施，如地基由于浸水沉降引起的质量问题，则应消除浸入的原因，制定防治浸水的措施。

（3）注意综合治理。既要防止原有事故的处理引发新的事故；又要注意处理方法的综合应用，如结构承载能力不足时，则可采取结构补强、卸荷、增设支撑、改变结构方案等方法的综合应用。

（4）正确确定处理范围。除了直接处理事故发生的部位外，还应检查事故对相邻区域及整个结构的影响，以正确确定处理范围。

（5）正确选择处理时间和方法。发现质量问题后，一般均应及时分析处理。但并非所有质量问题的处理都是越早越好，如裂缝、沉降等变形尚未稳定就匆忙处理，往往不能达到预期的效果，而常会需要进行重复处理。处理方法的选择，应根据质量问题的特点，综合考虑安全可靠、技术可行、经济合理、施工方便等因素，经分析比较，择优选定。

（6）加强事故处理的检查验收工作。从施工准备到竣工，均应根据有关规范的规定和设计要求的质量标准进行检查验收。

（7）认真复查事故的实际情况。在事故处理中若发现事故情况与调查报告中所述的内容差异较大时，应停止施工，待查清问题的实质，采取相应的措施后再继续施工。

（8）确保事故处理期的安全。事故现场中不安全因素较多，应事先采取可靠的安全技术措施和防护措施，并严格检查、执行。

（二）质量事故处理应急措施

工程中的质量事故具有可变性，往往随时间、环境、施工情况等变化而变化，有的细微裂缝，可能逐步发展成构件断裂；有的局部沉降、变形，可能致使房屋倒塌。为此，在处理质量问题前，应及时对事故的性质进行分析，做出判断，对那些随着时间、温度、湿度、荷载条件变化的变形、裂缝，要认真观测记录，寻找变化规律及可能产生的恶果；对那些表面的质量问题，要进一步查明问题的性质是否会转化；对那些可能发展成为构件断裂、房屋倒塌的恶性事故，更要及时采取应急补救措施。

在拟定应急措施时，一般应注意以下事项。

(1) 对危险性较大的质量事故，首先应予以封闭或设立警戒区，只有在确认不可能倒塌或进行可靠支护后，方准许进入现场处理，以免造成人员的伤亡。

(2) 对需要进行部分拆除的事故，应充分考虑事故对相邻区域结构的影响，以免事故进一步扩大，且应制定可靠的安全措施和拆除方案，要严防对原有事故的处理引发新的事故，如偷梁换柱，稍有疏忽将会引起整幢房屋倒塌。

(3) 凡涉及结构安全的，都应对处理阶段的结构强度、刚度和稳定性进行验算，提出可靠的防护措施，并在处理中严密监视结构的稳定性。

(4) 在不卸荷条件下进行结构加固时，要注意加固方法和施工荷载对结构承载力的影响。

(5) 要充分考虑对事故处理中所产生的附加内力对结构的作用，以及由此引起的不安全因素。

（三）质量事故处理方案

质量事故处理方案，应当在正确分析和判断质量问题原因的基础上进行。对于工程质量问题，通常可以根据质量事故的情况，做出以下四类不同性质的处理方案。

(1) 修补处理。这是最常采用的一类处理方案。通常当工程某些部分的质量虽未达到规定的规范、标准或设计要求，存在一定的缺陷，但经过修补后还可达到标准的要求，又不影响使用功能或外观要求，在此情况下，可以做出进行修补处理的决定。

属于修补处理的具体方案很多，诸如封闭保护、复位纠偏、结构补强、表面处理等。例如，某些混凝土结构表面出现蜂窝麻面，经调查、分析，该部位经修补处理后，不会影响其使用及外观；某些结构混凝土发生表面裂缝，根据其受力情况，仅作表面封闭保护即可等。

(2) 返工处理。当工程质量未达到规定的标准或要求，有明显的严重质量问题，对结构的使用和安全有重大影响，而又无法通过修补的办法纠正所出现的缺陷情况下，可以做出返工处理的决定。例如，某防洪堤坝的填筑压实后，其压实土的干密度未达到规定的要求干密度值，核算将影响土体的稳定和抗渗要求，可以进行返工处理，即挖除不合格土，重新填筑。又如某工程预应力按混凝土规定张力系数为1.3，但实际仅为0.8，属于严重的质量缺陷，也无法修补，即需做出返工处理的决定。十分严重的质量事故甚至要做出整体拆除的决定。

(3) 限制使用。当工程质量问题按修补方案处理无法保证达到规定的使用要求和安全，而又无法返工处理的情况下，不得已时可以做出诸如结构卸荷或减荷以及限制使用的决定。

(4) 不做处理。某些工程质量问题虽然不符合规定的要求或标准，但如其情况不严重，对工程或结构的使用及安全影响不大，经过分析、论证和慎重考虑后，也可做出不做专门处理的决定。可以不做处理的情况一般有以下几种：

1) 不影响结构安全和使用要求的。例如，有的建筑物出现放线定位偏差，若要纠正则会造成重大经济损失，若其偏差不大，不影响使用要求，在外观上也无明显影响，经分析论证后，可不做处理。又如，某些隐蔽部位的混凝土表面裂缝，经检查分析，属于表面养护不够的干缩微裂，不影响使用及外观，也可不做处理。

2）有些不严重的质量问题，经过后续工序可以弥补的，例如，混凝土的轻微蜂窝麻面或墙面，可通过后续的抹灰、喷涂或刷白等工序弥补，可以不对该缺陷进行专门处理。

3）出现的质量问题，经复核验算，仍能满足设计要求者。例如，某一结构断面做小了，但复核后仍能满足设计的承载能力，可考虑不再处理。这种做法实际上是挖掘设计潜力或降低设计的安全系数，因此需要慎重处理。

（四）质量事故处理决策的辅助方法

对质量事故处理的决策，是复杂而重要的工作，它直接关系到工程的质量、费用与工期。所以，要做出对质量事故处理的决定，特别是对需要返工或不做处理的决定，应当慎重对待。在对于某些复杂的质量事故做出处理决定前，可采取以下方法做进一步论证。

（1）实验验证。即对某些有严重质量缺陷的项目，可采取合同规定的常规试验以外的试验方法进一步进行验证，以便确定缺陷的严重程度。例如混凝土构件的试件强度低于要求的标准不太大（例如10%以下）时，可进行加载试验，以证明其是否满足使用要求。又如公路工程的沥青面层厚度误差超过了规范允许的范围，可采用弯沉试验，检查路面的整体强度等。根据对试验验证检查的分析、论证再研究处理决策。

（2）定期观测。有些工程，在发现其质量缺陷时，其状态可能尚未达到稳定，仍会继续发展，在这种情况下，一般不宜过早做出决定，可以对其进行一段时间的观测，然后再根据情况做出决定。属于这类的质量缺陷，如桥墩或其他工程的基础，在施工期间发生沉降超过预计的或规定的标准；混凝土或高填土发生裂缝，并处于发展状态等。有些有缺陷的工程，短期内其影响可能不十分明显，需要较长时间的观测才能得出结论。

（3）专家论证。对于某些工程缺陷，可能涉及的技术领域比较广泛，则可采取专家论证。采用这种办法时，应事先做好充分准备，尽早为专家提供尽可能详尽的情况和资料，以便使专家能够进行较充分、全面和细致的分析、研究，提出切实的意见与建议。实践证明，采取这种方法，对重大的质量问题做出恰当处理的决定十分有益。

二、质量事故处理的鉴定验收

质量事故处理是否达到预期的目的，是否留有隐患，需要通过检查验收来做出结论。事故处理质量检查验收，必需严格按施工验收规范中有关规定进行，必要时，还要通过实测、实量，荷载试验，取样试压，仪表检测等方法来获取可靠的数据。这样，才可能对事故做出明确的处理结论。

事故处理结论的内容有以下几种：

（1）事故已排除，可以继续施工。

（2）隐患已经消除，结构安全可靠。

（3）经修补处理后，完全满足使用要求。

（4）基本满足使用要求，但附有限制条件，如限制使用荷载，限制使用条件等。

（5）对耐久性影响的结论。

（6）对建筑外观影响的结论。

（7）对事故责任的结论等。

此外，对一时难以做出结论的事故，还应进一步提出观测检查的要求。

事故处理后，还必须提交完整的事故处理报告，其内容包括：事故调查的原始资料、测试数据；事故的原因分析、论证；事故处理的依据；事故处理方案、方法及技术措施；检查验收记录；事故无须处理的论证；事故处理结论等。

参考文献

[1] 赵志勇. 浅谈建筑电气工程施工中的漏电保护技术 [J]. 科技视界，2017(26)：74-75.

[2] 麻志铭. 建筑电气工程施工中的漏电保护技术分析 [J]. 工程技术研究，2016(05)：39+59.

[3] 范姗姗. 建筑电气工程施工管理及质量控制 [J]. 住宅与房地产，2016(15)：179.

[4] 王新宇. 建筑电气工程施工中的漏电保护技术应用研究 [J]. 科技风，2017(17)：108.

[5] 李小军. 关于建筑电气工程施工中的漏电保护技术探讨 [J]. 城市建筑，2016(14)：144.

[6] 李宏明. 智能化技术在建筑电气工程中的应用研究 [J]. 绿色环保建材，2017（01）：132.

[7] 谢国明，杨其. 浅析建筑电气工程智能化技术的应用现状及优化措施 [J]. 智能城市，2017（02）：96.

[8] 孙华建. 论述建筑电气工程中智能化技术研究 [J]. 建筑知识，2017，(12).

[9] 王坤. 建筑电气工程中智能化技术的运用研究 [J]. 机电信息，2017，(03).

[10] 沈万龙，王海成. 建筑电气消防设计若干问题探讨 [J]. 科技资讯，2006(17).

[11] 林伟. 建筑电气消防设计应该注意的问题探讨 [J]. 科技信息(学术研究)，2008(09).

[12] 张晨光，吴春扬. 建筑电气火灾原因分析及防范措施探讨 [J]. 科技创新导报，2009(36).

[13] 薛国峰. 建筑中电气线路的火灾及其防范 [J]. 中国新技术新产品，2009(24).

[14] 陈永赞. 浅谈商场电气防火 [J]. 云南消防，2003(11).

[15] 周韵. 生产调度中心的建筑节能与智能化设计分析——以南方某通信生产调度中心大楼为例 [J]. 通信世界，2019，26(8)：54-55.

[16] 杨吴寒，葛运，刘楚婕，张启菊. 夏热冬冷地区智能化建筑外遮阳技术探究——以南京市为例 [J]. 绿色科技，2019，22(12)：213-215.

[17] 郑玉婷. 装配式建筑可持续发展评价研究 [D]. 西安：西安建筑科技大学，2018.

[18] 王存震. 建筑智能化系统集成研究设计与实现 [J]. 河南建材，2016（1）：109-110.

[19] 焦树志. 建筑智能化系统集成研究设计与实现 [J]. 工业设计，2016（2）：63-64.

[20] 陈明，应丹红. 智能建筑系统集成的设计与实现 [J]. 智能建筑与城市信息，2014（7）：70-72.